這本書獻給我的爸媽
感謝你們無條件的愛著我
支持我過我想要的生活

工作必須 有錢有愛有意義

把喜歡的事做成事業，成為斜槓、創業者的提案

佐依 著
Zoey

Contents

前言
你什麼時候才要為自己的人生負責？

「你到底什麼時候才要為自己的人生負起責任？」

這是我爸爸在我高中畢業時曾對我說的話。說是高中畢業也不太對，其實我高中是肄業的，這是一段不為人知的黑歷史，我也鮮少和他人提到這件事。

高中是我人生中非常重要的轉捩點，那時候，我發現自己對學校的課業一點興趣也沒有，事實上，我也不在乎自己的學業成績與學校表現，每天總是想盡各種辦法與理由裝病請假和翹課。那時唯一讓我有動力去上學的只有金工課（我念設計學系）、電腦繪圖課以及下了課之後的社團活動（我加入的是街舞社）。然而，這些我認為有趣的術科與活動都在高二下學期收了尾。高中的最後一年，所有學生都不會

參加社團課，工藝或技術科目也幾乎被取消，接踵而來的是每個月的模擬考與從早到晚的自習，而我翹課的頻率也越來越誇張。

當時的情況誇張到教官每一週都會用全校的廣播系統把我叫去教官室訓話，全校只要聽到我的學號前三位數（總共有五位數）就可以馬上知道教官在叫我。有一次，我在放學後接到校長打來的電話（沒錯，校長直接打我的手機），當時一接起來，我還以為對方在開玩笑，但仔細一聽還真的是校長的聲音！校長跟我說：「哎呀，你今天的勞動服務是不是沒有掃乾淨？我在走廊還看到有垃圾，不要被教官發現了，明天要掃乾淨一點喔！」校長語氣溫和俏皮，完全沒有責備的意思，但我也隱約能感受到這是校長的另類示警。全世界都對我非常寬容，但我的生活依然過得渾渾噩噩，甚至像行屍走肉。

我是家中的獨生女，說是被捧在掌心上養大的也不為過，想要什麼幾乎是開口要就能得到，然而，我雖然一向可以很明確的知道自己不要什麼、不想做什麼，但是我就是無法釐清自己究竟「想要什麼」或想過怎麼樣的生活、想成為怎麼樣的人。最後，我因為出席率過低而無法領取畢業證書，只能領到肄業證書。

這件事對當時的我來說是個滿大的打擊，我爸媽一直都算是一對天使爸媽，他們從來不要求我在學業上有什麼傲人的成績，只希望我可以

快快樂樂的做自己喜歡的事情，但是，那個時候的我不只成績不傲人，我也不覺得自己有多快樂，生活毫無目標、昏昏沈沈，每天無精打采而且一直睡覺（後來我發現有點憂鬱的人似乎都會睡很久）。然而，有一件事情是我私底下依然保有的興趣：逛書店。

高中時期的我雖然不愛上學，但我真心覺得自己一點也不是個壞孩子，如果翹課在街上亂晃，我也不會去抽菸喝酒或上網咖，我就是喜歡去書店坐在角落看書，那時的我會到附近的糕點店買一塊超過五十元的馬卡龍，配上一杯榛果拿鐵，坐在誠品的角落享受這份奢侈，這對當時的我來說完全是個完美的理想時光，而我也開始觀察自己都選些什麼書來看，通常是科幻小說、心靈成長、手作、居家布置與旅行類的書籍。

有一天，我在誠品的書架上看到一本名為《澳洲打工度假聖經》的書，眼睛馬上為之一亮，那時海外打工度假才剛開始盛行，我也是初次接觸這個消息，以前完全不知道國外有這樣的 Program。那本書很厚，我開始在翹課時間或放學後一頁一頁的慢慢閱讀書裡的內容，讀完一遍還不夠，我甚至看了第二遍，並且把相關的重點筆記下來再回家上網做功課，那時的我腦中冒出一個念頭：「我要去澳洲打工度假，這是我想做的事情！」

好久好久，我沒有體會過那種充滿希望與燃起鬥志的痛快感，我的生活出現了嶄新的目標，它讓我每天都有起床的動力，生活從隨波逐流變得更有方向。我想這也是為什麼每個人都在說讀書可以改變人生，因為它確實也用不一樣的形式啟動了我接下來的一生。後來，我把這本書買回家放在床頭，早上起床讀、晚上睡前也讀。我把事前需要做的準備列了一個清單，甚至準備採買打工度假需要的用品。萬事俱全，只欠東風，我必須要和父母協商，取得他們的同意，最重要的是，取得資金。

那時我還做了一張預算清單，列下機票、簽證、住宿、仲介等費用明細，粗估 15 萬元台幣可以讓我啟航，展開澳洲打工度假之旅，我暗自竊喜著這個天衣無縫的完美計畫，也認為自己準備周詳，父母肯定會答應，沒想到，我爸媽卻氣得怒髮衝冠，硬生生地拒絕我的要求。

「你會不會覺得自己有點得寸進尺？」我爸爸怒斥。

「為什麼？因為太貴了嗎？」當時的我真心不懂父母為什麼這麼生氣。

「你究竟什麼時候才能學會為自己的人生負起責任？」爸爸很嚴肅的看著我。

「我現在不就是負起責任了嗎？你不是要我搞清楚自己到底想要做什麼嗎？那我這不是搞清楚了嗎？我有目標而且我還做計畫了，我就只是不想唸大學而已啊！」我也被激怒了，開始對爸媽大小聲了起來。

「你這不叫負責任，你只是為你的逃避做好準備而已。」爸爸冷冷地說，離開了餐桌。

我開始流眼淚，無法相信爸媽竟然不允許我去追夢，爸爸說的那席話在我腦中盤旋，我覺得自己好像聽得懂，又好像聽不懂，什麼叫做為我的逃避做準備？這又要怎麼分辨？

媽媽在一旁安慰我說：「你還是去找一間大學完成學業，不然只有高中肄業，以後很難找到工作的。」

「那我現在就去找工作啊，我可以打工啊，我為什麼非得要唸大學不可？」我惱羞成怒地說著。

我爸走回餐桌前對我說：「你如果有本事，就用自己的能力對自己的人生負起責任，而不是期望整個世界以你為中心運轉！」

爸爸的話敲醒了我（不過可能沒有全醒，大概半醒）。我帶著似懂非懂的理解，思考著下一步的可能性。滿心期待的計畫泡湯了，但日子還是要過，我的指考分數不理想，放榜後也沒能找到心儀的學校，因此休學一年去參加相關的夜間學程，白天則在一間相機的配件行擔任網路美編。

大約是從那時候開始，我三不五時就會思考「有本事」的定義為何？「為自己人生負責」到底是什麼意思？「為逃避做準備」又是什麼呢？也是從那時開始，我逐漸學著拼湊出自己的理想生活，我知道生活中必須要有值得期待的大小事，才不會回到那種無力迷惘的日子。因此，我的生活裡開始出現像存錢、出遊、買到＿＿＿東西這樣的目標，因為這些目標，我確實更有動力起床去打工賺錢，我也一向是一個只要有目標就會盡力去完成的人，所以，那段時間裡，我的生活就是不斷出現結果型的目標，然後不斷地完成 Check 掉，又得重新去想新的目標。

很快地，我發現這樣由目標構成的生活不僅沒有實質的意義，還像是滾雪球一樣，目標越滾越大，希望買的東西越來越貴，想去的國家越來越遙遠，達成後的感受一次比一次空虛。我開始在想：究竟是哪個環節出了問題？**我的人生充滿目標呀！而且目標也是越來越有挑戰性，但我為什麼還是感到不踏實？**

那個時候，我大約是大學二年級（休學後一年還是有回到校園生活），也再度重拾逛書店的樂趣，我開始看一些以前不太看的書，像是人生方向、設計思考、心理學、職涯規劃……等，也許是因為心中有疑惑想要找到解答，我慢慢理解到自己在目標設定上究竟做錯了什麼，而我發現最大的錯誤，就是將「理想生活」設定成固定型，並以為只要「搞定了」什麼事，生活就會變得有意義。

我們總認為只要完成學業了，接下來的職場生活就搞定了。
只要工作穩定了，接下來的生活也不用太操心了。
我們也經常以為只要結婚了，人生的大事就完成了。
我們更以為只要生了小孩，就能對家人有所交代了。
我們只要財富自由，生活就會美滿了。

這樣的公式讓我們以為只要達成 A，就可獲得 B，但我們卻從沒抽絲剝繭出 B 目標背後的真正目的與期望是什麼，也沒有回過來頭想：「如果要達成 B，只能透過 A 嗎？一定要財富自由，生活才會美滿嗎？財富自由了，生活就美滿了嗎？」這也導致了每當我們獲得 B 結果之後，這個 B 便變成一灘死水，停滯不再流動。因為這個深刻體悟，我才開始真正理解到當初爸爸說的「做足準備只是為了逃避」到底是什麼意思。

我想去澳洲打工度假究竟是為了什麼目的？究竟想要得到什麼結果？
我猜想，當時的我一心認為自己就是想到國外見見世面，想要盡情體
驗更豐富的生活。然而，回過頭來看，見見世面一定要出國嗎？盡
情體驗生活一定要去澳洲嗎？我相信這些都不是肯定的，盡情體驗生
活的背後，想得到的是暫別未來的壓力，以及不用面對那個沒本事且
沒有方向的自己。我體會到什麼叫做「你是你人生的負責人」，這個
「負責」乍聽之下無跡可尋，但一切其實就是從「承認」開始。承認
自己的無知，承認自己的無能，承認自己的軟弱，然後面對它，想辦
法從根本解決這些匱乏，並且補齊自己在知識上、勇氣上、心態上、
技能上、資源上的不足。**承認和面對就是負責的開始。**

多年以後，我有時間與經濟上的資源去澳洲或其它國家打工度假，但
我卻不再對這件事情抱有渴望與憧憬，我想，大概是因為我真的建立
了一個有錢、有愛又有意義的人生，一個我根本不想離開、根本不想
暫停的人生。當你的生活在這些重要基石上皆是美滿富足的，你便不
再需要外在目標或物質來證明自己的地位，因為你對自己的定位非常
明確；你也不需要讓別人以為你過得很快樂，因為你篤定地知道自己
快不快樂。

這本書獻給和我一樣曾經迷惘或正在迷惘的你。我們的生活必須要有
錢、有愛、有意義，這可能是十歲孩子都懂的道理，然而，我們一輩

子花這麼多時間在工作（平均至少有 40 年），工作已經成為我們生活中的一大部分，因此你的工作（無論你做什麼）也一定要有錢，要有愛，也一定要有意義，不然，你會像以前的我一樣，追逐著無數個人生目標卻永遠沒有滿足的一天。如果這些目標是很快就能達成的，那就算了，但就怕這些目標需要花你好多錢、好多心力，甚至是好幾年的時間，到了最後才發現這根本不是什麼人生目標，這些只是為了逃避而做的準備。

接下來，我們會用設計思考的原型來講解核心與意義的挖掘，並用其脈絡帶你去了解如何找到你的核心價值、盤點個人資源與技能、找到市場需求、驗證市場需求，設計出可以提升個人身價或創造價值的方式。雖然要做出大幅度的人生改變很困難，但每一個追夢的人，在當代都是看似很瘋狂的。你是否願意帶著這股傻勁與瘋狂，為自己的人生寫出新的篇章，創造一個有錢有愛又有意義的工作與理想生活呢？

Chapter 01

找到自己的
熱情

許多人會將消遣誤以為是自己的熱情，但這之間的細微差異，就是在於「假設這件事情出現了挑戰，你還願不願意繼續嘗試、繼續投入？」

#1-1

告別二選一的
貧窮思維

「如果要選一份你熱愛但是薪水很低的工作，或是一個高薪但你不喜歡的工作，你會選哪一個呢？」

第一次接觸到這個問題是高中的時候，午休時間，一群同學坐在一起吃午餐，小芳突然冒出這個問題。

「如果硬要回答，可能是熱愛但低薪的工作吧……」阿丹苦惱著擠出答案。

「是喔，我應該會選第二個耶，因為再怎麼不喜歡，應該也不到做不下去的程度吧！」薇薇一邊吃著手上的御飯糰，一邊回答。

「你們不覺得這個問題很有趣嗎？網路上也有人在聊愛情跟麵包到底要選哪個？我也覺得這個好難選唭。」小芳越講越起勁。

我陷入沈思，想要趕快選出一個答案加入話題卻遲遲無法做出選擇，就在這時候，腦袋瓜掉入「登大人」的恐怖幻想中：「難道出了社會，就是要為現實妥協，過著『勉強還可以、硬是選一個』的人生嗎？」「明明不滿意，但還要逼自己認份，怎麼想都不大對勁吧……？」

那個當下我突然意識到，在成長的過程中，身邊有許多師長或親戚總是會在不經意的情況下，教育我們要謙卑知足，但謙卑知足和自我價值貶低其實只有一線之隔，當我們開始聽到「天底下哪有那麼好的事？」「這樣就已經夠好啦！還想要多要求什麼？」「不要不切實際，不要那麼貪心，大家都是這樣過日子的。」似乎就開始把謙卑知足的美德扭曲了，更讓孩子沒有進一步的內驅動力去挑戰自己的潛能，因為大家都是這樣生活的，為什麼要去成為一個異類？這樣的追求是否會讓我們變成一個貪婪的、自私的、做白日夢的人呢？

從那一刻起，我便對「二選一」的人生抉擇心存懷疑，我無時無刻都觀察著社會是怎麼灌輸我們「有了這個，就會失去那個」的觀念，我也經常想著：「為什麼有錢人私底下的人生，都是空虛且寂寞的？」

「為什麼事業成功的女性，通常都被貼上婚姻失敗的標籤？」出了社會的我也時常問自己：「世界上是否存在著擁有真愛、健康快樂且非常富裕的一群人呢？」也許是吸引力法則的緣故，越是這樣想，我越強烈地認為就算這群人不常見，也絕對不代表他們不存在，也不代表我們不能將其作為努力的目標，朝這個理想去邁進。

無論是「熱情與麵包」或「愛情與麵包」這種選擇題其實都是有陷阱的，這類的陷阱題會讓我們用二分法將人生切割為非黑即白的世界。然而，人生是有很多色階的，也絕對不是用是非題或選擇題就能找到答案的。人生像是應用題或申論題，我們可以用多種角度來詮釋不同的議題，而你也絕對不用二選一，如果想要的話，全拿也是沒問題的，只要你願意創造自己的人生腳本，並且付出行動去實踐它，我們就能離全拿的理想人生越來越近。

想要打造一個有錢有愛有意義的工作絕對不簡單。當時剛出社會的我雖然滿心懷抱著夢想，但事實就是我的實戰經驗不夠，專業技能也不足，並沒有多餘的籌碼去全拿，我就只能二選一。然而，這是每一個人必經的歷程，最重要的是，我們要知道自己有哪些選擇，沒有中意的選擇，也要知道如何去創造選擇，然後選定方向全速前進。

我一直都相信除了選項一、選項二，我們還有第三種選擇，也就是

「兩者兼得」或雙贏、三贏，當我們在心中認定自己只能擁有熱情，或只能擁有麵包，你的潛意識就會自動導航到其中一條路，而那條路便會成為你鎖定的方向。

你會很努力的勇往直前，你可能也會很快地達成目標並抵達目的地，但那個目的地終究就只有熱情或只有金錢，而在這時候，人類也會想盡辦法的說服自己：「雖然我還是經常為錢所苦，但至少我打從心底熱愛我在做的事，我不為五斗米而折腰！」或是「雖然我不喜歡我的工作，但這份工作的薪水很高，我想我也沒什麼好抱怨的，做人就是要知足認命。」

現實絕對不容易，但是我們不可以輕易的將平庸設定成自己的人生腳本，如果你認為生活就是「過得去」就好了，那你擁有的就是個「還可以」的人生。

我們每一個人的現實，都取決於我們如何定義「現實」。如果我們相信這世上有神、有鬼，那祂便存在於「你的」世界裡；如果我們相信宇宙萬物都只是化學分子與結構的組合，那麼，這也就是屬於你的現實；而如果我們相信自己有第三種選項，那你所瞄準的目的地，當然就與前面兩者不同。無論你選哪一條路，我相信你都會奮不顧身、積極努力地打造自己的理想生活，但是，三條路所得到的結果，是截然

不同的。

生於開創世代最大的一個優勢，就是當代的資源實在是太充沛、太富足了，如果你對於眼前的選項不滿意，你不用一輩子過著「將就」的人生，如果有希望可以更好的地方，我們隨時都可以起身並「開始」做一點改變。

大學時期的我不愛唸書，滿腦子只想賺錢，原本打算不唸大學，直接投入職場，卻被父母極力反對，經歷了多次家庭革命。最後的折衷方案，就是我去念夜間部，白天找一份正職的辦公室工作上班。也因為提早四年投入職場，我很快地就意識到在辦公室過著朝九晚五的生活，要不就是無法得到理想的薪資（可能只能去當業務領獎金），不然就是時間空間不自由（當了業務又被客戶與業績追著跑），而無法成為我定義的理想工作，於是，我便開始尋求第三條路——用我熱愛的事物開始賺錢。

每一個人對「第三條路」的定義都不同，有些人會想要成為某領域的知名巨星，擁有發光的舞台又能賺進大把鈔票；有些人會想成為專業投資客，掌握市場趨勢和投資技巧，在喜歡的投資領域穩拿現金流；或者，你可能跟我一樣，有某個想解決的痛點，想要發揮自己的價值跟影響力，那創業也許就是個適合你的選擇。

我一直在思考理想工作的定義到底是什麼？如果只將它定義成成為某知名企業的一員，或者擁有光鮮亮麗的頭銜，似乎還缺少了些什麼？後來我理解到，理想的工作就如同理想的生活，它是流動的、階段性的。我們每個人在二十、三十、四十歲想要的生活和需求都不盡相同，那我們對理想工作的定義，肯定也會有些變動。

因此，理想的工作是一種狀態，我們必須要拆解出這樣狀態背後的過程和追求的心理感受是什麼，只要我能夠不斷地沈浸在那個過程中，且心情感受維持在那個狀態裡，那你每一天肯定都是抱持著期待與愉悅的心情上班去。然而，如果你還是覺得工作要嘛有錢、要嘛有熱情、要嘛有意義（但像是慈善團體，沒有賺錢），且三者無法並存的話，你便永遠到不了那個地方，畢竟你的導航系統從頭到尾都沒有導向這個地方。

每當我們聽到別人說要「相信自己」時，都覺得這是個老套又俗氣的建議，然而，想要擁有一個有錢有愛有意義的工作，首先，就是要先給自己第三條路的選項，怎麼給呢？答案就是「相信自己可以創造一個不在菜單上的選擇」，並且從今以後致力往這個選擇前進。儘管這條路看不見，甚至可能被親朋好友嘲笑，但它就如同信任遊戲，要我們走上一條隱形的橋樑，相信它的存在，你才能踏上這座大橋，相信這是有可能的，你才能真正創造出屬於你的理想工作。

$$#1\text{-}2$$

嬰兒抓周：
自己的周自己抓

從高中開始，我就非常喜歡出外踏青，到了大學，更是愛上當背包客，在世界各地窮遊，當時的我發現自己對旅行深深著迷，我便開始想：「也許這就是我夢寐以求的 Dream Job！有什麼辦法能讓我不斷地旅行，同時又可以養活自己呢？」

我的腦中馬上浮現所有可能的選項：

1. 找一個有錢人嫁了最輕鬆，從此再也不用擔心錢，過著少奶奶生活
2. 先從國外打工度假，在 30 歲以前到不同國家待一年
3. 成為知名的旅遊部落客或作家，到處拍片寫作記錄旅行生活
4. 搞一個簡單的網拍或電商，賣一些代購來賺取旅費
5. 尋找需要正職旅遊編輯或旅遊主持的公司，開始過外派生活
6. 繼續做網頁設計的案子，就這樣一邊接案一邊旅行

7 尋找國外的志工計畫，去其他國家體驗不同的風俗民情

8 …………

就這樣，我在筆記本上列出好幾種「達成理想生活的實施辦法」，刪掉不是打從心底信服的或是現階段太難達成的選項，並且列出行動清單，從此之後它便像是在我心中播下的種子，我無時無刻都在想著讓它發芽的可能性和要付出的行動有哪些：

1 找一個有錢人嫁了最輕鬆，從此再也不用擔心錢，過著少奶奶生活

2 先從國外打工度假，在30歲以前到不同國家待一年：
 ● 決定落腳地點、聯繫人脈、打聽情報
 ● 買澳洲打工聖經來看
 ● 和家人討論、籌錢
 ● 辦理相關簽證和資料

3 成為知名的旅遊部落客或作家，到處拍片寫作記錄旅行生活

4 搞一個簡單的網拍或電商，賣一些代購來賺取旅費

5 尋找需要正職旅遊編輯或旅遊主持的公司，開始過外派生活

- 地毯式搜索國內外相關職缺網站

- 查看職位和技能需求

- 製作合適的作品集和履歷

6 繼續做網頁設計的案子，就這樣一邊接案一邊旅行

- 估算一個月需要的薪水

- 尋找可以長期合作的案件

- 優化作品集

7 尋找國外的志工計畫，去其它國家體驗不同的風俗民情

- 尋找國內外相關獎學金計畫

- 地毯式搜尋國內外志工機會

- 準備相關文件

8 …………

你可能會想：「我當然也希望自己的工作有錢、有愛又有意義，但是現階段的我完全不知道自己想做什麼，又該從何開始第一步呢？」如果你有這方面的內心旁白，那你的第一份作業就出現了！（恭喜你，這讓你離理想更近了！）

「認識自己」是每一個人生命中的重要課題，一個健康的成人勢必要學會愛人、學會尊重、學會原諒，而這些課題出現在人生中的時機點也大不相同，有的人 17 歲就休學去創業，有的人過了 40 歲，等到該「交代」的事都交代完畢，才開始面臨「認識自己」這個課題。

我在成長的過程中非常幸運，父母總是鼓勵我去探索自己到底喜歡什麼、不喜歡什麼，因此在大學畢業前，我已經早同儕一步知道自己想成為什麼樣的人，當我一踏入職場，我便有機會全力專注在「怎麼靠這些喜歡的事情闖出名堂」上，省去許多嘗試與摸索的時間。

「有錢有愛又有意義的工作」是一個非常吸引人的想法，不過，首先我們要先搞清楚自己「熱愛」的事情有哪些，才能知道怎麼靠「這些事」賺到錢。

現代消費主義與資訊過量，讓我們陷入知識焦慮與選擇障礙，也讓找到熱情變得越來越困難。

「我怎麼知道這不是一時興起的念頭？我的熱情有很多，很難只選一、兩種。我對每一個選項都游移不定，不確定什麼才是最適合我的……」這可能是你我都曾經在腦中出現過的聲音，不過，就設計思考的理論來談，我們所有的「發想」都需要經過「驗證」才可以得出個所以然，因此這些旁白全都是假設，如果我們一直停留在假設階段，而沒有去實證這些想法，那我們當然永遠都沒辦法有一個更篤定的答案。

言下之意就是，這或許真的是你一時興起的念頭，這或許真的是一個很花時間與心力的選擇，這個興趣或許真的不適合你，但這都只是或許，你可能是對的也可能是錯的，誰知道呢？

一般來說，台灣的硬式教育體制並不鼓勵孩子去試、去闖，導致許多人出了社會之後，又得花大把時間去摸索「自己到底想要什麼」，這也是找到熱情所在越來越困難的原因，出了社會的我們有經濟壓力、人際壓力、職場壓力，我們不再能像孩童與學生時期恣意地去探索，沒有負擔的「找熱情」，因此，找到熱情變得是一件有時間壓力、金錢壓力的事，大部分的我們心中都抱持著類似的擔憂：「我不想也不能浪費時間，我至少要知道嘗試這項興趣的投資報酬率不會為零，不然我沒辦法去探索和栽培一個根本不會有回報的事情。」

然而，沒有一件「熱情」是不需要花時間去探索和栽培的，我們不可能在還沒有彈過或聽過吉他之前，就知道自己對吉他感興趣；我們更不可能在練習了三次吉他之後，就馬上能將這項技能變現，對吧？大部分的人都以為熱情是空降的天賦，其實，找不到熱情的原因通常都是因為嘗試得不夠多、嘗試得不夠深，以及嘗試得時間不夠長。

想要找到熱愛的事情，每一個人都要先水平的廣泛探索，就像是小嬰兒抓周，在小嬰兒面前的選項要夠多元，如果只有一、兩個選項，那寶寶便沒有辦法跳脫眼前的物件，去想像這世界還有什麼「可以拿來抓」的東西，因為對現階段的寶寶而言，他並沒有能力去偵測到自己未來的可能性。有意思的是，我們在人生的停滯期也難以去發掘自己有什麼樣的選擇。

然而，當我們像寶寶抓周抓到幾樣物件後，絕對不可以如同嬰兒一樣，把這個東西隨手一丟或放到嘴裡咬來咬去。嬰兒抓周是一種象徵性的活動，但你的熱情探索不是一種象徵性的假設，我們接下來要做的就是垂直探索，深入了解自己是否真的對這件事感興趣？還是只是一些錯誤的想像與迷思而已？這階段的測試結果會攸關到你的個人特質與天生性格，透過學習與深入了解並付諸行動，你更能判斷自己是否適合與享受做這些事情。

最後，我們通常不會熱愛一件我們做得很差勁的事情，因此，你的熱情很有可能也是你擅長、做得很好、經常得到誇讚的事情。那究竟如何讓抓到的物件變成自己擅長的事情呢？答案很明顯，就是要付出時間去經營與栽培。這也是許多人會忽略的一點，找到熱愛的事情本身就需要花時間，將這個熱愛的事情提煉出價值打造成搖錢樹，需要花更多更多的精力與時間。

因此，從熱情到專業可以簡化成三個步驟「選擇、驗證、培養」，我們要先如嬰兒抓周般地盡情選擇、盡情嘗試，接下來深入的探索並提高做這件事的頻率與難度，去驗證自己究竟是否享受、喜歡做這件事情，如果這件事情通過了驗證階段，接下來就是將熱情培養成專業了，而我相信如果能到這個階段，任何人都可以成就任何事。

雖然我們承擔了填鴨式教育的後遺症，但現在開始摸索自己的使命與熱情絕對不嫌晚，事實上，「現在」也是我們有生之年中最早的時候，身為現代人的最大優勢，就是無論你的出生、種族、年齡、與專業背景，你都能夠用各種管道與資源發展出你的一片、兩片、三片天。

2018 年的夏天，我參加朋友孩子的抓周活動，長輩們在寶寶面前擺滿物品（聽說要六的倍數，因為六六大順，所以擺了 12 種物品），物

品圍成一圈，我們這些阿姨叔叔也圍了一圈，寶寶一個人在中間，為我們這些大人表演著預卜前途的行為藝術。

當時的我深深的體悟到，我們給予寶寶的抓周選項，都是我們喜歡的、認可的，其實寶寶與抓周就像是我們與社會的翻版，社會給我們的選項都是社會認為正常且合理的，當然，這並沒有什麼對錯好壞，就像是爸媽們絕對是最在乎也最愛孩子的，也絕對會給寶寶他們認為最棒的選項，社會亦然，會給予我們最安全、最舒適、最普及的道路，然而，我們不能用自身的觀點去解讀另一個個體，關於熱情的打造，最終還是得靠自己來驗證。

當我們還是小嬰兒時，我們沒辦法選擇抓周的選項；當我們變成了青少年，可以反抗被給予的選項；現在，我們應該都已長大成人了，沒有人有必要再給你任何選項。身為成人，我們應該要將熱情的探索、培養，變成是自己無限的任務。所謂無限的任務，指的就是它不會有「達成了！搞定了！」的一天，要是那麼容易就搞定了，我們還會想要終身學習嗎？

世界每天都在變，新的科技引領出新的 Lifestyle，新的需求、新的產品，如果我們輕易用「搞定了」心態來面對變化萬千的生命，很容易會像夕陽產業一樣被淘汰，甚至需要打掉重來去培養新的興趣、新的

31

技術。

因此，保有赤子之心，展開心胸去嘗試，你不試，你怎麼知道你不行？如果有孩子的話，也要盡量保持著開放的胸襟，輔導和帶領孩子去探索生命，探索意義。如果你是某一個生命體的負責人，你就有責任去領導他抓出自己的周，而我們每個人也都是自己人生的負責人，突破迷惘停滯的人生是你的責任，自己的周還是要自己抓才行。

#1-3

培養熱情就是
在為你的人生加薪

安迪‧沃荷曾說：「在未來，每一個人都能成名 15 分鐘。」而他所說的未來其實就是現在。

在這個資訊爆炸的時代，每一個人都能夠用自身的優勢、才華、特質或技能為自己開創多個舞台並增添收入；而在社群平台的普及之下，人人都可以自成一個媒體，人人都能成就個人品牌，用熱愛的事物來提升自己的身價，為自己加薪。

這件事的發生對我們造成了什麼影響？答案就是它縮短了熱情三步驟中「培養」這個選項的時間軸。當培養不再需要那麼長的時間才能被大眾給認同，社會就會出現幾個有趣現象：

1 業餘滿街跑，專業程度參差不齊

2　比培養熱情更重要的是展現熱情

3　興趣眾多但依然覺得人生沒意義

每件事情都是一體兩面，無遠弗屆的網絡加速我們成名與被看見的速度，但就是因為這些事情發展得太快了，也犧牲了某些層面的品質與重要元素。

例如說，現在每個人都可以開啟自己的 Podcast 頻道，就連販售線上課程與出書的門檻似乎也越來越低，那我們究竟要如何篩選出更正確或更適合我們的資訊？這也變成每一顆強效藥丸的副作用。

你也可以看到對於某些人而言，他們的熱情似乎必須要向其他人展示才有意義，若沒辦法展現給其他人或社群媒體的追蹤者，那他對這件「熱情」的熱忱便會降低。舉凡健身、閱讀、旅遊、料理都是很常被人們「誤以為自己有熱情」的項目。當然，如果你每天都必須要拍自己在健身房運動的自拍照，日子久了，你也許會漸漸地相信自己是個熱愛運動的人，因此開始深入的培養相關的技能，因此事情也可能會往好的方面發展，但是，不需要深度培養的熱情也容易讓我們因為錯誤的動機而誤會了自己的興趣。

你可能也遇過某些人有著不錯的工作、志同道合的朋友以及豐富多采

的業餘生活，但他依然覺得生活沒什麼意思或人生沒什麼意義，這也很有可能是因為「培養」的時間軸不夠長，導致他雖然有多種熱情，但每一樣都是蜻蜓點水。當我們沒有為一件事情做出足夠的付出與投入，那我們對這些事情可能也只會停留在喜歡而不是愛的階段，因為只有喜歡，所以那種強烈感還不足以讓你覺得這些熱情為你的人生帶來了意義，像是在隔靴搔癢，帶不出那種生命感。

在下個章節，我們會開始聊聊熱情與意義的差別，以及怎麼為你的生命與工作賦予意義，不過，現在我們先拉回主軸聊聊熱情培養的這件事。以前當我收到學生來問我要如何找到自己的熱情跟興趣時，我總是會想一堆方法和工具跟學生說：「你可以試試看這個方式，你也可以看看那本書，這對你尋找熱情會有幫助！」現在的我認為，只要你能夠對一件事情有足夠的投入並培養夠長的時間，任何事情都能是你的熱情。（這是真的！要相信自己）

我時常覺得，大部分的人或多或少都會想為這社會或這世界做點什麼，想要有所成就，想要過上理想的生活，然而許多人沒發現的是，拉近現實與理想的距離確實是一門技術，它就像是我們先前提到的寶寶抓周，理想並不是一種象徵物，而是等著你去驗證和栽培的「某一種狀態」，有些人也會稱之為過程，而熱情亦然，只要你能試著用心投入（是真的投入，不是做做樣子喔！）某件你不討厭的事，並且投

入夠長的時間，那它便極有可能成為你的熱情；如果你無時無刻都能投身於「理想生活的狀態」，那你絕對能開始活在自己的理想生活中。

當然，要全心全意地投入一件事情並沒有嘴上說的那麼容易，我們首當其衝的難題就是最難熬的停滯期。唯有度過了那個停滯期，我們才能開始「享受」起做這件事的樂趣，做這件事有意思，我們才會開始對這些事情產生好感，進而想要花更多時間在栽培熱情上。

許多人會將消遣誤以為是自己的熱情，但這之間的細微差異，就是在於「假設這件事情出現了挑戰，你還願不願意繼續嘗試、繼續投入？」這也是為什麼有些人會說：「興趣如果變成了職業，就不再是興趣了。」我個人否定這樣的說法，如果你真的想用熱愛的事情賺錢，也希望工作變得有意義，那我們都得鍛鍊自己的恆毅力，熬過深化熱情所帶來的挑戰。

以我的例子來說，我其實滿愛看電影的，我也會跟其他人說看電影是我的興趣之一，但假設今天我想要在家看一些影集，結果網路跑太慢，我就會對看電影這件事感到不耐煩，並且會直接把電腦關機，懶得去重新開機、重新連線或做其它嘗試。我也從來沒有想要撰寫影評或深入分析電影的慾望，不是因為我不享受做這件事，相反的，我非常享受看電影，但如果這件事不再是一種消遣，反而必須付出腦力來

分析、必須付出耐心來連接網路，那它便出現了挑戰，它不再讓我感到放鬆舒壓，甚至要啟動大腦的第二系統來解決問題，那這件事便跟我原先的定位不一樣，也與我一開始選擇去看電影的動機有出入。

像是這種事情，我真心建議把它們當作你的業餘消遣就可以了。身而為人，我們可以也應該要有各式各樣的娛樂消遣，這些消遣存在的目的就是單純讓你感到療癒，不是每一件興趣都非得施加壓力變成你那可以賺錢的熱情。如果你愛美食，那就好好吃吧！不需要逼自己變成美食評論家；如果你愛打電動，那就盡情地打吧！不需要要求自己變成電競選手。當然，由興趣衍伸變成的職業級專家是種理想工作，但每個人依然都要保有一些純粹的、毫無目的的娛樂消遣。

那如果消遣一大堆，又要怎麼分辨什麼是消遣，什麼事有機會開發成自己的熱情甚至是專業？答案就藏在「自主學習」中。我大約在小學三年級第一次接觸電腦的時候，就開始對科技產品和網頁設計莫名的感興趣。那時候，我會自己上網研究有關 FTP、奇摩家族、MSN 社群之類的平台，大概小學五年級，我也開始看得懂 `<head><body></body></head>` 這種傳統語法。國中時，我更在課餘的時間繼續研究網站架設，並且自學一些製圖工具。我相信，要不是你真的對一件事感興趣，你是不會走到「自學」這個階段的，畢竟，**學習就是一種最基本的挑戰**，它也很可能正是你的熱情所在。

吃美食是一回事，大家都喜歡吃美食，但如果你發現自己不僅愛吃，你還會花自己的時間去調查和搜集其他餐廳、你開始去看其他美食評論家怎麼撰寫文章、怎麼形容食物的口感、味道，你買食評的書來看、甚至開始研究起主廚的背景故事和佳餚的歷史，那很明顯的，你開始進到了「投入」的階段，這個階段不一定會讓你立刻感受到高難度的挑戰，但你的好奇心已被挑起，你已開始一步一步的驗證著自己究竟是否對這件事有更深層的熱情。

因此，不知道自己對什麼事情有熱情嗎？先問問看你願意自學什麼項目吧！也要記得，這個自學要是自願且自動自發的學習，不是因為要考到什麼證照、父母要求或感覺對未來有幫助這樣的動機，而是自己發自內心的好奇，好奇到開始自主學習的項目。

關於熱情，有件有趣的事情一定要提一下：從零開始培養一個全新的興趣雖然困難，但一旦喜歡上就會越來越喜歡。

我小時候學過鋼琴和吉他兩種樂器，鋼琴學了七年，吉他只學了三個月。為什麼吉他只玩了三個月就停下了？有個滿好笑的原因是我覺得手指頭按著琴弦實在是太痛了！當時的吉他老師一直跟我說：「你只要再熬一下等到手指頭長繭，以後彈吉他就不會這麼痛了！」那時我心想：「手指頭長繭？我才不要咧！」於是不到三個月，我就離開了

吉他課程。然而，有一件關於鋼琴的小事卻讓我印象非常深刻。

我在年紀滿小的時候就開始學鋼琴，從很簡單的古典樂開始學起，旋律簡單、節奏單調，但就是慢慢地把琴譜上的曲子練好。過了一年，老師開始讓我挑戰難度更高的曲子，我卻發現自己因為手掌太小，無法同時用一隻手按下八度音，那種氣餒的感覺現在回憶起來依然記憶猶新，因為手指頭不夠長也不知道怎麼使力，而讓那首曲子怎麼練都練不好。我記得自己會在補習班的鋼琴教室默默地練習八度音，每次快要成功卻又馬上沒力，真的越練越灰心，但我每天還是會在寫完功課後到琴房練鋼琴，直到某天抓到了姿勢上的訣竅，終於突破了這個生理上的限制。

現在的我仔細思考兩者的差別，同樣都是生理上的挑戰，按住琴弦的感覺很痛，硬是把手掌張開的感覺也很痛，但為什麼一件事這麼快就舉白旗投降？另一件事卻會讓我花課餘時間額外自我訓練？我想差別就在於「放棄代價」的多寡。

那時的我學鋼琴已經有一段時間了，練習的曲子越來越難，而我自己也有慾望與野心去挑戰更高難度的歌曲，因此這個關卡雖然難過，但遠遠不及放棄的代價，如果我在這個時間點放棄學鋼琴，那我這一年來的努力將不再有任何突破；相反地，因為我連一首吉他曲子都無法

好好演奏，因此現在放棄的損失也不高，鬆手自然就容易多了。

對於鋼琴，我心底有個聲音知道自己一定辦得到，因為我有證據，我有一年的學習的經驗，也練了好幾首以前根本彈不出來的曲子，但對於吉他我並沒有實質上的證據或經驗去說服自己其實辦得到，因此，想要培養任何熱情，我們一定要先從 Baby-step，像嬰兒學走路一樣一步一步慢慢來，這個步驟除了是興趣的堆疊也是自信的累積，所以，建立熱情絕對不能急於證明自己，而是實實在在且一點一滴地充實自己，你的熱情就能逐漸被建立。

對於工作，我們一直都有著加薪的概念，而對於人生，培養熱情其實就是為人生加薪的一種方式，只是你獲得的不是金錢，而是人生體驗的富足。

在工作上，我們能夠靠提升個人專業程度來提高自己的身價，如果要特別針對「提高收入」來做討論，從技術層面來說，我們可以取得一張價值連城的文憑，我們可以習得投資技巧來操作股票或房地產，我們也可以利用自身現有的技能去接案，用斜槓打造副業，或是來做個人品牌，創造主動與被動收入；而以熱情來說，我們能夠熱愛蒐集某樣東西、熱愛從事某項活動來增添生活的樂趣，我們能夠靠著這股熱情幫助其他人，產生新的生命意義，我們也能夠用這股熱情投資在個

人成長上，打造你的第二、第三專長，獲得實質的收益。

我其實正是將自己的熱情投資在個人成長上，打造出個人品牌，建立獲利模式與屬於自己的事業。然而，個人品牌到底是什麼？如果我們將這組字拆開來看，個人就是你自己，品牌代表一種商業識別。若我們將兩個字組在一起，其實就是用「經營品牌的方式」來經營「你自己」的意思。

這麼說可能還是很抽象，但是你只要看看當代的網路紅人或政治名嘴，你就能發現他們的一言一行都備受矚目。他們使用的日常用品、所 PO 出的社群貼文、所關注的時事議題，都真真切切的代表了你「這個人」，是一個怎麼樣的人。而有意思的是，在現代，你是個怎樣的人，有機會影響到你能找到怎樣的工作、人脈與機會，它也會大大的影響的你的人生途徑、職場生涯；因此，如果你想要改變自己的命運，展開不一樣的生活，在古代，你可能只能重新投胎，但在現代，你只要開始學習如何經營與塑造你的數位與實體形象，就能一點一滴的為自己打造鹹魚翻身的機會。

開始自己的個人品牌雖然像創業一樣有一些技術與學問，但是，品牌最核心的起步方式就是從「發聲」開始。生在現代最幸福的一件事，莫過於「言論自由」，我們可以自由發表意見、觀點，這在早期（或

現在的某些國家）可是會被殺頭的。而你到底在乎什麼？你有什麼特別的觀點？你的熱情是什麼？你為什麼認為這件事情值得你花時間談論、研究？這些都是可以塑造你「個人品牌」的好利基。

想要創造一份有錢、有愛又有意義的工作，你有非常多種選擇，而個人品牌則是專業門檻、資金成本相對較低的選項之一。個人品牌的一個核心宗旨，就是從 Consumer（消費者）變成 Producer（創作者），透過分享專業技能與特殊觀點，能得到教學相長的效果，加速你技能的深化，而它自然有機會成為我們未來的身價籌碼，儘管你不想要成為一個拋頭露面的 Youtuber，你依然能夠累積自己的影響力與實力，找到 Offer 更好或更喜歡的工作。

當我發現自己已經抓到心儀的「周」之後，我就開始研究要怎麼將它變成一個可以獲利且持續獲利的項目。2017 年我搬到美國，因緣際會地發現自媒體與 Podcast 新大陸，也開始用手邊的資源，創建自己的個人品牌，而在這個過程中，我也發現了個人品牌的打造有兩大重點，第一個是選定「你在乎、有熱情、有專業」的主題，第二個是「創建獲利模式，開始賺錢」，其實這兩大重點就展現了「工作必須有錢有愛有意義」的這個論點，也是我喜歡個人品牌的最主要原因。

資訊傳遞的難易度降低，成名 15 分鐘也變成一件觸手可及的事情，

這不僅成為了個人品牌的助燃器，也意味著你的價值可以隨著你的積極度、市場需求和你的專業程度而上升，當我們的價值提升了，我們的「個人價格」當然也能提高，而你也不一定只能靠一件熱愛的事情來創造收入，當你能夠擁有多元的收入管道，總體生活水平當然也能提升。

在擁有一份有錢又有意義的工作之前，我們得先拋開過去對職場的認知，帶著創業家精神進入開創的世界，千萬不要輕易地允許自己過著差不多、還可以的人生，我們每個人都要秉持著「我可以、我值得」的信念，學會找到改變現況的方法，如果找不到方法，就要懂得創造方法，創造一個讓你 Fall in love 的人生。

工作要有意義最重要的目的，正是打造一個你熱愛的人生，不要用賺大錢和發大財去逃避生命中的匱乏，許多人會以為「只要我有錢了，我就可以……」或是「唯有先賺錢，我才能……」這些其實都是拖延和迴避的象徵。我們絕對不是有錢之後才可以給家人更好的生活，我們也絕對不是有錢之後才能夠過得幸福，反而正是因為我們現階段的資源不足，我們才要更努力的在資源有限的情況下，把生活過得更好更幸福。

因此，你現在在哪裡，就從哪裡開始，培養熱情是一種為人生加薪，

添加人生厚度的方式，當然，要不要為人生加薪是你的選擇，但倘若你會看這本書，我相信打造一份有錢有愛有意義的工作正是你的理想之一，如果有夢想，就要學會為夢想負起責任，面對達成它所需要面臨的挑戰，**縮短現實與理想的距離**。

#1-4

將成長思維變成
你的「預設值」

在經營個人品牌的這幾年裡，我最常收到的問題就是：「我不知道自己的熱情是什麼？我找不到方向，對很多事都興趣缺缺該怎麼辦？」以前的我會使用很多的方法和工具去幫助學生，告訴他們「你可以試試看用這個方式探索興趣！」「你可以利用這本書說提到的工具套用在自己身上。」然而，沒有找到熱情的人，依然沒有找到熱情。

這是怎麼回事？我其實一直在思考也一直在研究。近日，我感受到一個新的道理：「你如果對一件事沒辦法產生熱情，是因為你對這件事還不夠投入。」這個說法我們在上個章節稍微提過，但仔細想一想，那些你覺得滿喜歡的事情，你是不是真的更用心的為其付出呢？

你或許在想：「這個道理我也懂，但是我實在沒有動力去付出、去投

入，這該怎麼辦才好？」如果是這樣，我相信這裡所談論的，就不該只是找興趣或培養興趣的方法論，而是如何從根本的思維去轉為積極心態的人。接下來和你分享一個故事。

大學時期的我曾經在健身房打工，那段時間，認識了一位女孩小嫻。當時的小嫻雖然不到骨瘦如柴，但她在一群壯碩的教練當中，就是個纖細瘦小的女孩。在我們短暫共事的那一個月裡，我發現小嫻是一個「信念」非常強大的女孩，雖然走在路上，絕對不會馬上對小嫻產生「啊！這個女孩子有在健身！」的想法，但只要與她聊到和運動、飲食有關的話題，都能從她的瞳孔中看見炯炯有神的光芒。

我和小嫻先後離開那份工作，我們就沒有特別保持聯絡，但是我始終留著小嫻當初給我的 Instagram，時不時地觀察這個女孩的改變。

就這樣，一年又一年的過去了，不出我所料的是，小嫻持續在健身領域精進，我看著她從第一年、第二年、第三年、第四年慢慢地轉變，多年之後，她已成為女子健美比賽的常勝軍，身材也從好幾年前的纖細瘦小變成精壯結實，曲線極致且鮮明，用脫胎換骨來形容也不為過。

美國的心理學家 James Flynn 曾做過一份調查研究運動員，他發現最優秀的拳擊手通常在體能上都不是最有天生優勢的，然而，他們卻通

常是最有信念、最堅強且最能夠履行對自己的承諾的一群人，儘管訓練的內容、時數或飲食習慣都一致，那些堅信自己的人，在場上的表現通常都比其他拳擊手更卓越。

人類總是本能性的追求光鮮亮麗的工具、攻略、伎倆，勝過於從內在根源去調整自身的心態、思維和精神信仰。你也許不是個喜歡買名牌包、開跑車的物質主義者，但是現代人的一個新型現代病，就是知識強迫症。

知識強迫症者沈迷於知識的吸收，最喜歡參加讀書會、購買新的線上課程，並且積極參與相關的社團討論或活動。其實，積極進取是超級值得被鼓勵的行為，這也是優秀人才的基本標配，照理來說，大部分人的生活應該也會一點一滴的進步、改善，但是，假設你注意到自己學了很多方法論、獨門技術或各界大師的知識精髓，生活卻維持停滯，那很有可能就是我們要改從「根本」去挖掘自身的心態是否需要調整，而不是不停地把焦點放在那些閃亮亮的外在物件。

《心態致勝》的作者卡蘿‧杜維克（Carol S. Dweck）經過長年對不同群體的研究，發現人類有兩種心態，第一類稱為「成長心態」（Growth Mindset），第二類稱為「定型心態」（Fixed Mindset），杜維克博士表示擁有「定型心態」的人，總是急於追求證明自我，將所

有成果二分為成功或失敗；而擁有「成長心態」的人，則是樂觀看待自己的所有特質，將個人的基本素質視為起點，相信可以藉由努力、累積經驗和他人的幫助而改變、成長。換言之，定型心態人的會因為一些外在條件，例如沒有有錢的父母、沒有進到名校讀書、沒有好看的外貌，而認為自己在起點就輸人一截，因此最終努力的成果也會被大打折扣；但成長心態的人，相信每一位專家都曾經是個菜鳥，也認為自己的先天條件不全然會影響後天的結果。

在小嫻的身上，我真真實實的見識到一個擁有「成長型思維」的人，是如何一步一步紮實地打造出自己的理想人生，她也許不是最有先天優勢的健美選手，她可能也比其他人花上更多年的時間來健身，但是她做到了，而且持續前進著。

她的毅力與心態讓我深感佩服，尤其是我曾經與當年還沒開始健身的小嫻交流過，因此見證了她轉變的過程，也更深刻的體會到「相信自己辦得到」和擁有成長心態，在打造理想生活中是多麼重要的一塊元素。

我們身邊絕對有至少一個經常說自己身材不好、想要減肥，卻總是堅持不下去，或是過幾個月後又不小心復胖的朋友，為什麼會有這種事呢？我想，答案就是出在心態上。

第一，你的朋友也許表面上說自己胖，但心裡其實不認為這件事情非常重要，至少絕對不是最重要的；第二，你的朋友沒有一個明確、清晰的「為什麼」，去說服並給自己一個一定要達成的理由（如果這件事開始威脅到性命，我們就絕對會努力維持並堅持下去）；第三，你的朋友可能在思維上是屬於定型心態的人。

以下方的圖示為例，一個擁有成長心態 vs. 定型心態的人，在面對挑戰、障礙和批評的時候，就會明顯有兩種不一樣的感受與想法。

定型心態 FIXED MINDSET	兩種心態	成長心態 GROWTH MINDSET
逃避挑戰	挑戰	對挑戰感到興奮
遇到阻礙就放棄	障礙	認為挫折是成長必經路
先思考回報才願意付出	付出	認為付出是一種灌溉
拒絕具有批判性的評論	批評	接受有建設性的批評
感到嫉妒甚至被威脅	比較	感到興奮被激勵
容易遇到瓶頸與得到低於自身潛能的結果	結果	容易完成計畫並獲得更多潛能的成長

我們將兩種心態套用在「減肥」這件事情上，在下圖中你可以看到，光是減重 10 公斤這個目標，就可以因為兩種完全不一樣的心態、思維，而得到不一樣的結果。你的心態決定了你看待事情的想法，你的想法決定了後續你要做出的行動，而你的行動也決定了你最終得到的結果。

現在，我們拉回主軸聊聊怎麼打造熱情並建立一份有錢有愛又有意義的工作，其實，第一步並不是開始上課進修，而是去將杜維克博士提到的「成長心態」設為你的思維預設值。

大部分的人對於「把興趣當飯吃」都抱持一種嗤之以鼻的態度，他們認為當熱情變成了工作，就不再是熱情；他們認為天底下哪有那麼好的事情？就算有，可能也只能安頓於微薄的收入；他們認為這是不切實際、癡人說夢的妄想，但他們不知道的是，這世界其實有非常多和家人幸福快樂，做著自己覺得有意義、喜愛的工作，並且過著富裕生活的人。

我們覺得一件事「不可能」，通常只是因為我們還沒看見可能的案例，這也是為什麼與國際接軌或多旅遊對我們有極大的幫助，並不是因為你又可以認識更多外國人或是去更多好玩的地方玩（當然，這是附加價值），而是當我們能更看見更多的「案例」，眼界、見識與格局才會更高、更廣。

例如說，當我還在台灣上學上班的時候，我其實對國際新聞與政治都沒什麼感覺，後來因為自己搬到美國生活，才發覺世界的經濟脈動、種族人權與自身息息相關。當你開始去了解這些不同面向的觀點，你看事情的角度和解讀也會產生更多的可能性。就像是有些人可能與鬼神、靈體、宇宙有更緊密的交流，那他也許便能從更高維度的視角去理解這個世界，這時候，你會發現擁有一份有錢有愛有意義的工作是個非常基本也應該要達成的功課，你對自己也會有更強大的包容力與理解力去完成你的夢想及使命。

這樣的理解能力是怎麼來的？答案是訓練來的。這是任何人在任何年齡、任何階段皆可以培養的一種能力，可是在訓練之前，你要先敞開心胸，要願意去接受國外的資訊，要對其他人的人生故事感興趣，要對萬物宇宙抱有求知慾與好奇心，更要相信大腦的潛力與可塑性，當你相信你的大腦可以被重塑、重新教育，那你幾乎可以學會任何你想學習的事情。

而當你成功將自己的思維預設值設定成「成長型思維」後，你便不會再否定自己內心真實的聲音，擁有成長心態能讓你發現自己以前沒有注意過的熱情，都如雨後春筍般地冒出來，你不會馬上和自己說：「羊毛氈？別做夢了吧，做羊毛氈怎麼可能讓我賺大錢？」你也不會說：「會唱歌的人這麼多，我不可能脫穎而出的……」你反而會去思考有誰在這個領域做得有聲有色？有誰和你有類似的背景、走在類似的道路、面臨類似的難關？國內找不到可以學習的案例，那國外有嗎？歷史事件有嗎？如果都沒有的話，你可以當第一個嗎？

你絕對可以當第一個。

當你調整自己看事情的角度，你會發現，你其實是有許多熱情的，你認為自己沒有熱情、沒有想做的事，通常只是因為你告訴自己這些事情「沒有用、不可能、賺不了錢」，但是，這是誰告訴你的？這是事

實嗎？這件事有根據嗎？

你可能在想：「告訴自己有可能，也不是一件有根據的事情……」不過，假設兩件事情都只是無形的信念，那你到底要繼續做著自己不喜歡的工作、領著不怎樣的薪水，還是給自己一個機會，創造一個大家都認為不可能的事情？應該是後者聽起來比較有趣吧？

因此看完這個章節，請你去檢視一下自己深根蒂固的信念：你是否百分之百的相信自己？你是否擁有成長心態？（如果不是，你可能在檢視的過程中會聽到一些自我懷疑的想法和聲音）找到讓你遲疑的要點，找到讓你不相信自己的原因，然後仔細問自己：「我為什麼會有這些否定的聲音？它們是從哪來的？它們是真的嗎？重點是：『我願意接受嗎？』」

在這個練習的過程中，你就能看見自己的熱情慢慢萌芽，你也能從中找到一些線索，知道要如何訂定自己未來的方向，朝你真的有感覺的事情前進。

Chapter 02
為生活與工作
賦予意義

只要我們認真體驗生活中發生的大小事，我們的社會連結感就會變得更強韌，漸漸地就能看到那些在自我之上的議題。這些議題不一定要是「改變世界」的規模，有時候，從身邊最親愛的人身上，你也能找到Something bigger than yourself。

$$\boxed{\textit{\#2-1}}$$

將生活風格對齊
你的核心價值

學生時期的我是一個遲到大王，總是睡到最後一刻才姍姍地去學校，
想盡各種理由裝病、請假，就為了在家什麼都不做，用看電視或看漫
畫來度過我的一天。進入職場之後，我發現自己依然三不五時就很想
找藉口不去上班，我也跟大部分的人一樣，討厭星期一的來臨。

這個現象大約持續到 2016 年，那時候我發現自己的生活開始產生了
一些變化，我開始愛上星期一的早晨時光。一早起床，我會伸個懶
腰，喝一大杯溫水，拉開窗簾，享受陽光灑在臉上的溫熱感，接著開
始拉筋，坐在床上或地上冥想、做點瑜伽，開啟當天的早晨儀式，
接下來一整天都會充滿幹勁，神清氣爽。我開始回想：「當年的我討
厭的究竟是星期一，還是星期一要面對的事情？」

其實憂鬱星期一（Blue Monday）只是生活出狀況的代罪羔羊，人們討厭週末假期結束，需要回到工作崗位的感覺，不過，你我都知道星期一其實是無辜的，你討厭的根本不是星期一。

2016 年的我為什麼突然愛上了星期一？其實最明顯的原因就是我的生活和工作改變了。我開始在我喜歡的地點，做我發自內心覺得有意義且有熱忱的工作，我在星期天晚上會迫不及待的寫出下週與明天的待辦事項，我期待開始做這些事的感覺，我追求沈浸於有趣專案的那種全力以赴的快感。我的生活依然是週休六日，星期一不是什麼特別的假日，它一樣是會議密集度最高且最忙碌的一天，星期一的本質沒有改變，但我的生活改變了，或者，換句話說，**我的核心願景和目標，終於對齊我的人生價值了。**

因為這個體悟，讓我理解了我們追求的所有外在物質，最終都會導向自己的核心願景與目標，也就是自己的人生價值觀。我們每一個人都可以從自己的內在挖掘你對理想生活、幸福和成功的定義。對有些人來說，理想生活可能是擁有私人小島，坐擁豪宅；對另外一群人而言，也許是搬到鄉村自給自足，享受自己種菜、簡單恬適的小日子。

如果不太曉得自己的核心目標是什麼，我們可以先去觀察一下自己的消費習慣，我們購買的每一個物件，背後都藏著一個真實的渴望，這

個渴望被分為生理需求或心理需求，但最終它都會導向某一種特別的感覺，例如飽足感、安全感、療癒的感覺、有自信的感覺、被尊重、被崇拜、證明社會地位或宣示主權。你在追求的核心目標，就是這種難以形容的「感覺」，因此，金錢和人生的關係，就如同星期一與日常生活，它們是外在目標與內在目標相輔相成的驅動力，你討厭的不是星期一，而是要面對那些不喜歡的工作、不喜歡的環境的壓力。相對的，你要的永遠不是金錢，而是金錢可以換來的「感覺」，只有金錢，沒有消費，沒辦法買到你追求的感受，那它充其量就只是沒有用的紙鈔而已。

我們在上一章聊完心態與思維的轉換，接下來，我們要去做熱情的判別，用更嚴謹的方式檢視自己所設定的目標、心願，是否有對齊我們自身的核心價值觀。這個概念說來很抽象，但事實上，絕大多數的人都會設定出不是自己真心想要的願望或目標，且渾然不知。

你也許在想：「怎麼有這麼扯的事？哪有人會做出自己不想要的計畫呢？」在設計思考上，我們會將動力區分成兩種類型，一種是內在驅動，又稱核心驅動；另一種則是外在驅動。將同一種概念放到目標制定上，我們也可以用這兩種動力把目標分為核心目標與外在目標。

如果平日沒有在做自我覺察，將會更難分辨哪些目標是核心目標與外

在目標，同樣的，我們也會無法判別什麼是核心驅動的熱情，什麼又是外在驅動的熱情？

核心驅動的熱情通常能帶給你心靈上的滿足感，它符合你人生的價值觀，也能讓你朝理想生活越來越近，而不是越來越遠；外在驅動的熱情通常滿足感消逝得非常快，它通常是一種不具過程的結果，也必須要和他人展示才有價值，如果無法與他人展示，這個物品或事件本身也不再有意義。

以前的我是一個核心目標與外在目標皆混在一起作為新年新希望的人，直到認真練習設計思考之後，我才能明確分辨兩種動力的差異，而我認為，偶爾有一些外在目標（想要有一台漂亮的車，想要有很酷炫的玩具……等）是人之常情，每個人都有虛榮心，有一點外在的驅動力不為過，最怕的就是這明明是一個外在驅動的熱情，卻讓你花了好多時間、好多心力、甚至好多錢去追隨，達成後卻發現「啊，怎麼就這樣而已……」

我們的內在驅動力通常是一種感受，例如我們在尋求成就感、安全感、卓越感、社會認同感等等，可是，內在驅動力很難去抽絲剝繭，不夠了解自己或不常與自己對話，就容易「以為」自己是受到物品或事件而驅動目標。所以，如果有人跟你說：「我的熱情就是賺錢！」

這絕對假的，也是個沒有受過設計思考訓練而得出的回答。

沒有人的熱情是賺錢，賺錢是外在的驅動動力，重點是賺了錢之後得到了什麼樣的感受？也許地位的提升、被人尊敬的感覺；也許是財富的安全，有家的安心感；也許是有用的感覺，認為自己能夠被需要、有價值，這些感覺才是「賺錢」這件事背後的內驅動力。因此，如果有一個人是因為內心自卑，需要靠「賺錢」這件事來證明自己的能力，那你會發現，當他去療癒心中的自卑情結，開始變成一個有自信且自我認同的人，那賺錢這件事就不再那麼重要了，因為他透過賺錢所彌補的傷痛已經得到治癒，就不再有必要服用這個「藥」了。

那我們究竟要如何驗證自己所選擇的熱情是內在驅動的呢？最簡單的方式，就是去除外在的物質條件，再次審視這件事的本質帶給你的意義是什麼。例如，我們可以閉上眼想像一下：

假設今天你有 50 億的資產，你這輩子除了再也不用擔心錢之外，就連你身邊最親密的家人、好友都能夠受惠，過著豐衣足食的生活，那你還會想做什麼呢？

你已經周遊列國，甚至在海外也置產了好幾間別墅，你考到了潛水證照，每天能浸泡在馬爾地夫的海洋中與海龜和魟魚玩耍，你擁有自己

的遊艇、跑車和專屬司機，你吃遍全世界最頂級的米其林餐廳，每個月都能帶你的父母到新的地方旅行，住上當地最奢華的飯店，你的孩子能夠受最頂尖的教育、請到最專業的教練，而你現在才三、四十歲，你還會想做什麼呢？

這樣的生活也許離現在的我們非常遙遠，但不可否認的是，過著這樣生活的其實大有人在。「金錢」一直都是理想生活中的重要元素，我們拼了命的工作、生活，就是因為那些想要達成的事情都需要錢，但就是因為長期用這樣的價值觀看待人生，導致我們很少去思考「如果目的不是賺錢，還有哪些事情呼喚著我的注意力？」

我們再換個角度問自己：「如果你今天已經有 50 億的資產了，你還會　　　　嗎？」你還會在這間公司上班嗎？你還會住這個城市嗎？你還會和這個人交往嗎？你還會去補英文嗎？你還會自學網頁設計嗎？你還會去上瑜伽課嗎？你還會在週末的時候和閨密去野餐嗎？你還會在閒暇之餘看韓劇嗎？你還會親手為自己和家人準備晚餐嗎？你還會嘗試要來做 Youtube、Podcast 嗎？你還會看那些與理財投資有關的書嗎？

你會發現答案有會，也有不會，而那些不是為了獲利而自發性去做的事情，就叫做內在驅動目標，其實就是對齊你核心價值的熱情，這些

事情能夠為你的日常增添色彩與情趣，全心投入某一件事也能讓你有「活著」的感覺。

你也許在想：「我也是很想要去做符合我人生價值觀或有意義的事，但我現在有貸款在身，我現在就是必須得做這個不喜歡的工作，我又要怎麼對齊我的核心價值呢？」

以前，我聽到長輩說「幸福，就在轉念之間」，都覺得是說的比唱的還好聽的廢話，但現在，我認為我們可以把轉念的概念更結構化，明確的知道可以如何使用這個轉念的技巧來對齊自己的核心價值。

比方說，目前的你在 7-11 工作，比起想著這份工作只是為了糊口、只是為了還學貸，你其實可以更明確的找到人生中的定錨點，將你目前在做的事情與這個定錨點互相呼應。你也許是一位很愛打電動的人，你也許想成為一位職業級的電競選手，而做 7-11 的這份工作就是正在投資你的夢想，讓你有錢去購買點數、有手機可以持續增進自己的電動技能，這時候，你的夢想與你的生活風格（生活選擇）就對齊了；又或者，你在業餘的時候經營著自己的 Podcast，在 7-11 的工作就能讓你有資源去購買設備、租借錄音場地，這相對等於是 7-11 在投資著你的副業，如果直接創業可能都沒辦法讓統一集團來成為你的股東呢！

其實，人類最有「活著」的感覺時，正是接受挑戰和成長的時候。美國心理學家馬丁‧賽利格曼就曾提出帶給人類幸福感的五種元素，分別是「快樂、成就、意義、良好人際關心與全心投入。」當我們說到金錢與幸福的關係，其實只能達到物質上帶給你的新鮮、快樂、滿足感，但金錢實在難以買到全心投入的快感、真摯的友誼、達成某件事的成就感和有意義的人生。當你感覺自己的生活如一灘死水，毫無生氣，可能就是因為你已經陷入了停滯期，或者是幸福五元素的某項元素沒有得到滿足。

如果我們只專注在工作薪水，那我們其實可以有很多更快、更速成的選項，你根本不需要來看這本書，例如說去做直銷或當業務都是不錯的選擇；或者你熱愛室內設計，並且想往這個領域垂直深耕，你當然也可以走直線職涯，一路邁向一線的知名設計師，獲取高薪的設計案件。

然而，大部分的人其實無法「只選一種職涯」就能感到滿足，許多人也不認為「我的生活就只有工作」，因此，如果你依然卡在「不知道怎麼找到有感覺、有熱情的事」，你可以先將「工作」這兩個字拿掉，你的熱情不需要也不該只以工作的形式呈現，你也不該在一開始就將先用「賺錢」濾鏡來篩選你的熱情。

以我的經驗為例，我喜歡做的事情非常多，其中一件讓我樂此不疲的事，就是寫作。然而，以前的我並沒有特別想要成為一位專職作家，一來是我在想：「J.K 羅琳大概就只有這麼一位，其他的作家好像都很窮？」（我正在使用賺錢濾鏡來思考這件事，而世界上也可以同時存在好幾位 J.K 羅琳），二來我也不想這輩子就只做寫作這件事，這樣聽起來好像太無趣了。然而，我們永遠都不需要死守著一件事，然後期待它讓你發大財，這是非常一廂情願的看法，過往的教育總是傾向於把我們調教成專才，不過時代正在改變，我們正在走入通才的世界，你可以同時是一位醫生 / 作家 / Youtuber / 演說家 / 基金會創辦人 / 教練，不同的身分，也代表了更多元的收入管道，重點依然是要回歸自身，認真檢視這件事與金錢的利害關係。

對我而言，我雖然沒有特別想要只當一位作家，但是在夜深人靜時，我依然會問問自己：「如果寫文章不僅一毛錢都賺不到，還要特別花我的業餘或週末的時間來執行，我還會做嗎？如果我已經有 50 億或這輩子怎麼花都花不完的資產，我還會在週末的時候自己一個人到咖啡廳，點一杯卡布奇諾，坐在角落寫書嗎？」

答案是會。

因此，利用 50 億法則來拷問一下自己，你會發現自己能夠獲得更多

熱情上的靈感，而這些事物不一定只有一件，如同第一章所講到的，人生是有許多色階、豐富且多彩的樂園，擁有多種選擇也是生而為人最幸福的一件事。當然，這種自問自答的方式是非常簡化的設計思考題，思維越僵化，就需要越長的時間來挖掘與調整心態。但我依然鼓勵你，在這個章節盡情地尋找各種無厘頭、沒有特別意義、根據或科學驗證的點子，我們要像小嬰兒抓周一樣，先水平廣泛的做腦力激盪，選項要夠多，之後才可以慢慢刪減出較容易且較適合你開始創造價值的方向。

#2-2

擁有興趣但都
不專精怎麼辦？

「我的興趣很多，但是沒有一個專精的。」也是我很常收到的問題之一。每當看到這個問題時都會讓我會心一笑。對我而言，這個問題似乎可以解讀成：「我的興趣很多，但是沒有一個專業到能為我賺錢。」然而，為什麼興趣一定要有用？一定要幫你賺錢呢？這是否是一種現代潮流？因為社會風靡、崇拜這樣的價值觀，所以我們也開始盲目的追尋著呢？

某一個印象很深刻的經驗是我收到一位讀者來信，那封信非常的長，大致上在說：「我的興趣都是一些沒什麼用的興趣，其實我平常非常喜歡做手作與書寫藝術字，但我父母希望我去考公職，因此這陣子我花很多時間準備考試，變得沒有時間練字。偶爾想要抒發心情寫寫字，就會被父母認為浪費時間在無關緊要的小事上⋯⋯」

收到這封信的當下，我正坐在洛杉磯的一間咖啡廳，閱讀完信裡的內容，我坐在座位上沉思了十來分鐘，心裡想著：「什麼叫做有用的興趣？它是以什麼標準在衡量的？賺越多錢代表越有用嗎？誰來定義何謂無關緊要的小事？什麼又是生活上的大事？為什麼呢？」

其實，這個讀者的問題並不稀奇，很多人卡住的地方並不是找不到熱情（相反的，很多人對很多事都有興趣），而是這件事沒辦法（或還沒）為你帶來收入。然而，一件事情有用與否，絕對不能只用能賺到多少錢來衡量，倘若它能讓你感到紓壓、療癒、成長和享受，就算是小事，依然是值得投入的事情。

當我們有「這是個沒什麼用的興趣」的思維時，其實又是再次落入功利主義的陷阱裡，我們已經是填鴨式教育的後遺症患者了，就更不應該用這樣的思維來對待自己的熱情。不是每一件你熱愛的事情都必須幫你賺錢，也不是因為這件事無法帶來實際的收益，就不值得你投資。另外，我們經常忽略的是，從一個業餘的興趣要走到專業等級，是需要花好多年培育和養成的，我們學生時期花了多少時間去投注在未來的職涯領域中？你花了多少年、多少錢，才有機會讓你找到一份像樣的工作，領到像樣的薪水？想必至少也是好一番的功夫吧。

業餘的興趣是我們在閒暇時、心血來潮或行有餘力時才會做的事，以

投注的時間和精力來換算，我們讀了十年的書，才找到一份穩定的工作，而業餘的興趣如果還不夠「格」讓你賺到錢，似乎只是合情合理，因為我們本身就沒有花到職業級的時間和心思來栽培這個興趣，在我們眾多的興趣當中，只有一到兩個能夠變成副業也是非常正常的事情。

先前，我鼓勵你水平廣泛地去找出多個興趣與熱情，因為這可以增添你的人生樂趣，儘管這些事情沒有讓你賺到什麼錢，但光是做這些事，就能夠為你帶來一抹幸福的感覺，這是比賺錢還要重要好幾倍的事情。但是在現實生活中，如果我們希望能用喜歡的事情來賺錢，沒有兩把刷子的話，是很難說服陌生人掏腰包付錢給你的。尤其在資訊發達且自學主義當道的時代，人人都可以後天培養成某個領域的專家或高手，甚至退休再來磨練一項新技術也比早期更容易，在競爭如此激烈的環境中，我們就更需要去思考你想要「先」開始投資哪一項興趣，讓它們變成你的專業並提供價值給他人。

說到價值給予，我們便需要討論這樣的價值究竟是什麼？如果想要工作有意義，勢必也要能夠理解自己提供了什麼價值或產生了什麼用處，或者自己的存在與行為帶來什麼樣的改變，我們才能夠從中感受到意義感。事實上，我們做的每一件事背後都有它獨特的意義，而這些意義正藏在「消費行為」的背後。

我們所有的消費行為，都是在闡述我們背後想要獲得的價值，金錢只是一種象徵的媒介，它代表了價值的傳遞，也用來衡量價值的多寡。當你為對方帶來越多的價值，你得到的金錢通常也是等比例的升高。那為什麼你的熱情沒有辦法賺到錢？我們可以從另一個角度去思考：「別人為什麼要付錢給你？你究竟幫他解決了什麼問題？帶給他什麼意義？」

我們可以將這個問題簡單分成以下五種方向：

一、滿足生理需求

二、滿足心理需求

三、能夠省錢、省時、省力

四、自己辦不到的事情

五、具有代表或象徵意義

從以上這五個面向，我們可以開始思考如何與自己的興趣結合，並且經常問自己這個問題：「我的熱情，是否能帶給他人以上這些價值？」如果可以結合，那創造一份有錢有愛有意義的工作，便變得更加容易。

以我身邊的朋友作為案例，我有朋友在賣手搖飲料，他滿足的是第一

類生理「食」的需求；我的高中好友現在成為了一位塔羅占卜師，他的客戶透過卡牌的指引，得到了一些方向和心情上的安定，而他就是在做第二類，滿足心靈慰藉的生意；我身邊也有許多作家朋友，他們透過寫一本書，將自己花費多年鑽研的某一門技術，以文字為載體的系統輸出，讓讀者有機會花幾個小時的時間，就吸收作者好幾年的精華，讀書除了增廣見聞之外，其實也是一種「省時」的消費行為；而我在美國有一位朋友是寵物訓練師，寵物訓練本身就是一門專業的技術，他在賣的就是第四類，消費者自己無法辦到的生意；最後，我的另一位好友是一名專業刺青師，對於刺青這項消費，其實就是屬於第五類，具有象徵性或紀念性的消費，除此之外，當我們購買愛心餅乾、去捐款或是購買環保竹製吸管，可能都是因為這項消費行為與我們的價值觀相符，因此，我們也可能會透過消費去支持某項議題，進而滿足某方面的自我實現，從中獲得意義感。

所以如果你有興趣但都不專精，不用太擔心，這只會是暫時性的問題（只要開始調整，就有機會改變），我們要做的最重要轉換就是「換位思考」，從自己的利益轉移到他人的利益。思考看看你的技能儘管不是特別專業，但是否能夠為他人帶來某方面的幫助？也許這不是一件能馬上讓你賺錢的事，但透過免費幫助他人，你其實也能獲得三樣無形的收穫：

1 技能增加

2 作品累積

3 傳播管道

以我的例子來說，高中畢業以後，我開始在網路上接一些設計案來賺外快，然而，那時的技能和經驗根本沒有辦法與業界人士相比，因此我開始先從價錢很低或甚至不確定能不能賺到錢的比稿競標案開始，有時候，廠商會同時要求五位設計師幫忙設計 Logo，但最終只會付錢給一位最終被選中稿件的設計師。當時雖然氣餒，但在這樣「做白工」的練習之下，你的技能也許有機會慢慢增加，你的作品就算沒有被選上，還是能夠放在自己的作品集，作品累積得越多，資歷看起來就會越豐富，沒有人需要知道這些作品沒有被選上，而這些作品也確實是你自己花時間設計的，當然就是作品集的一部分。經過了兩三年，我開始注意到有越來越多案子是透過「轉介紹」而來的，我變得越來越不需要親力親為的在數字銀行上找設計案比稿，反而有更大比例的案子是透過口碑而收到邀約，每服務一位客戶，無論他是不是你的親戚，無論他有沒有付錢給你，他都成為了一個新的傳播管道，為你帶來更多的潛在客戶，只要不要太眼高手低，任何不夠專業的興趣都可以從這樣的形式開始拓展客戶，越變越專精。

我在洛杉磯的一個商業聚會上，聽到一位女士的創業分享。珍妮是三個小孩的媽媽，自己也擁有一間健康點心店，特別販售給公司企業，

用訂閱制的方式提供公司茶水間健康的點心選擇。聊到這一切的起源，珍妮說，八年前，她也是一位朝九晚五的上班族，她說自己實在不喜歡美國的辦公室文化，唯一享受的時光就是午餐時間。她喜歡和幾位要好的同事們一起共享午休時間，熱愛下廚的她也經常會「多做」一些小點心分享給同事，她的好廚藝也讓同事們讚不絕口，開始在辦公室擁有「點心女王」的美名。

「我其實滿會煮飯也滿喜歡下廚的，我有五個兄弟姊妹，從小我就是那個為手足張羅晚餐的大姐。我很喜歡跟一群人一起用餐聊天的感覺，當時我開始對甜點製作出現熱情，雖然會下廚，但在做甜點上，我可能還是一位新手，因此我開始每天免費提供自製點心給幾位比較親近的同事，看到大家品嚐後滿足的表情總是讓我感到非常喜悅，我先生經常唸我是不是又自掏腰包去討同事開心了？但我把這些小小的花費看作是自己的投資，投資我嘗試新的食譜，而我的同事們都是我的白老鼠，這群姊妹們會很明確的告訴我這些點心嚐起來如何，哪裡可以改進，這件事甚至變成我去上班的動力，直到我懷上了第一胎……」

幾位聽眾在分享會上騷動著：「懷上第一胎發生了什麼事？」

珍妮笑著說：「天啊！你們一臉好像擔心著會發生什麼壞事一樣，其

實不是而且恰恰相反！我在懷第一胎的時候，原以為休完產假就會回到工作崗位，但是在我老大出生的那一刻，第一次把她抱在懷裡的感覺讓我意識到自己有多想要陪她一起長大，我想要全職在家帶孩子，這也是我第一次冒出離開職場的念頭。很快地，我也想到在家工作或為先生分擔家計的必要，那時候我便開始認真思考自己有什麼有用的技能，能夠帶來比較穩定的收入。」

珍妮說著，分享會的聽眾們也認真了起來。

「某天，我在跟我的好友兼同事聊天時，無意間和她提起了這個想法，而她馬上就向我提議以午餐、點心為主題，販賣自己的手作料理給其他同事。當時的我非常訝異，因為我從沒想過會用這個嗜好來賺錢。我對這個提議興奮無比，但心裡的聲音又馬上把自己拉回現實：『如果想要吃午餐的話，旁邊便利商店就可以買一份沙拉了，有必要特別向我購買嗎？』於是，我跟同事繼續討論這件事的可能性，她說她會在我坐月子休養期間打聽其他同事的意願，而我也沒有閒下來，馬上開始更深入的調查有沒有類似的公司或品牌在做這些事情。」

珍妮繼續說著：「最後，我與朋友想到的特別切入點就是『甜點』，我們想要販售更平價、更健康重點是更美味的辦公室點心。以往在辦公

室的茶水間裡，要不是什麼茶點都沒有，不然就是沒什麼營養成分的精製甜品。考量到每個人在下午可能都會開始分心，需要補充一點糖份，或只是單純嘴饞，需要到茶水間休息，因此我便發現自己可以用這樣的模式作為切入點，**繼續做自己平常就喜歡做的事情，同時添補家用，重點是還可以照顧我的新生兒。」**

這時，分享會上再次出現一陣騷動，每一位聽眾看起來都有成千上萬個問題想要問珍妮，珍妮緩緩的道來：「我知道你們一定在想銷售和流程要怎麼建立，其實，我一開始只有販售給身邊那幾位會跟我一起吃午餐的同事們，那已經是大約八、九年前的事了，我一開始甚至還是請同事幫我用紙筆像郵購一樣寫下要訂的點心跟天數，從三位、五位、十位、十五位同事這樣慢慢的加上去，後來我才開始把內容數位化，讓同事們在網路上填寫訂單，一開始我甚至會帶著孩子自己去送點心，後來我才開始接其他公司的訂單，也是很後來才請幫手、請物流，一切就從這邊開始發展下去……」

從珍妮的故事中，你可以發現她除了滿足生理需求之外，也有滿足第二項心理需求（更加健康、養生、美味）和第三項需求（省錢、省時、省力）。那天聚會完畢，我一邊開車回家一邊想著：「其實會烘培的人非常多，料理也不算是什麼特殊技能，但是從來沒有想過要當廚師的珍妮卻無心插柳柳成蔭，這就是從不專精的興趣開始不求回報的

付出所帶來的成果。」

一件原本只是業餘興趣的事情，到底需要花多久時間才可以變成專業？這個答案非常不一定，以珍妮的例子來說，她的設定並不是成為米其林主廚，因此這本身就不是個需要高難度培訓才能達成的程度，那要怎麼樣才知道自己「Ready」了？也許就像珍妮一樣，先踏出第一步，看有多少人願意買單，從那裡開始將需要的技能填補起來。

在現代社會文化中，我們真的不必很厲害才能開始，但是唯有開始了，才有機會變得越來越厲害。至於你的興趣要怎麼樣變成一個「有用」的興趣？答案就是：把它拿出來用吧！當你把你的興趣提供給他人或拿來幫助他人時，它就是有用的開始。

在亞洲文化中，我們經常會小看與低估自己的能力，其實你身上一定存在著許多潛在技能是我們自己難以發掘的，你有沒有想過，如果不做現在這個職業，你可能會去做什麼？你還會想做什麼呢？

我時不時都會想：「要是不當作家或不做個人品牌，我還滿想當當看偵探、演員、潛水教練或是舞者，更瘋狂一點，我甚至可以一次全拿！白天當潛水教練，晚上做私家偵探，有演唱會或舞台劇的時候就去當演員……」你不一定要走傳統的直線道路，如果你對現況不滿

意，隨時都可以嘗試做個不一樣的自己，展開一個你從沒想過的職涯或人生，只要你能知道自己到底在提供什麼價值，你想要做什麼都可以！

$$\boxed{\#2\text{-}3}$$

如何在工作中
找到意義？

現在，我們拉回世俗層面聊一聊薪水這個議題。當珍妮開始賣點心之後，她變得很有錢了嗎？也沒有，那她如果持續自己做點心給同事，能打造出高薪的事業嗎？不可能。因為她一個人的時間有限，無論做得再怎麼快，她一天能做出 30 個甜品就很了不起了，假設一個點心賣 100 元，一週工作五天，她一個月的薪水天花板就是六萬塊（而且還沒有扣掉成本），這還是在不能生病、不能放假、物價持平、顧客量穩定的前提下才辦得到的。

你可能會想說：「這樣的生意，光想就知道是吃力不討好勞動產業，為什麼不把焦點專注在被動收入呢？」

這是一個非常好的問題，但也是一個急需調整的心態。天底下沒有一

個被動收入是不需要前期主動建造並花小部分主動時間持續去維繫的，如果有一筆你什麼都不用做就能獲得的財產，這大概就是遺產、家產或賞金，這些財產和「收入」其實是兩種不同的的類別，不該混為一談。

在那場商業聚會上，也有其他旁聽者向珍妮詢問商業模式的調整方法，珍妮不疾不徐的回答：「我最大的孩子現在已經八歲了，也就是說我已經做這份工作超過八年，在最一開始時，我的確沒有考慮太多規模化和被動收入的事情，當時只覺得自己想做且又有這方面的專長，得到的客戶回饋又很不錯，因此就這樣沒什麼計畫的擴展事業。真正讓我頭疼的是老二、老三出生之後，我才真的體會到自己的體力有限，忙不過來，重點是生活從一個小孩變成三個小孩，開銷變大，我才意識到轉換商業模式的重要性。」

這群人接著問珍妮：「那你怎麼處理呢？調整的方式是什麼？」

珍妮說：「老二出生時，我先是聘請了一位幫手並開始配合物流公司，到了這個時候都不算是被動收入，只能說是將自己原本的職務外包給其他人執行來減輕工作量，而且這個情況也管用了好一陣子，我們這個三、四人小團隊維持一樣的模式，在同一個區域做點心宅配服務，直到懷上老三，我們才開始在外面租冷凍倉庫與相關的儲存空

間，幫手從兩個人增加到八個人，服務地點多了兩區，接受的訂單也是以往的三倍以上，而我自己則開始負責更多內部營運和菜單設計的工作，也聘請了一個助理來處理行銷和人資的事情。」

其中一位旁聽者好奇的問：「公司這八年來擴展的速度不算快，你有在刻意維持小團隊並做縫隙市場嗎？」

珍妮笑著回：「什麼精益創業、縫隙市場的，我以前完全都不懂啊！我真的是近兩年才開始學習這方面的商業知識，以前的我才不可能來參加這種商業聚會，我單純只是因為喜歡做點心而開始這項服務，但現在回頭來看，我認為自己確實不急著擴大團隊，我發現自己也沒有『一定要建立被動收入』的必要，我先生有在投資股票，也許那算是我們家的一條被動收入，但如果我完全不工作的話，我可能會瘋掉耶！所以現在的工作量我能接受，我認為它有存在的必要。而我們夫妻倆現在賺到的錢除了能 Cover 生活開銷、孩子的教育費，亦能存下一定的存款，我想我也不是想要變成超級富豪，就只是想要跟我的家人好好過日子吧。」

聽完這席話，我意識到，對珍妮而言，做點心雖然無法獲得龐大的收入，但收入也不是她最主要追求的事物，她在這過程中獲得了成就感、實現理想生活，並找到了意義，這是比賺錢還更珍貴的事情。我

們大部分的人一輩子的共同目標，就是努力的賺錢，當你再也不用為這個目標努力時，我們其實會瞬間失去重心，一早起床不知道該做什麼，或者什麼都不是很想做，久而久之，日子就會開始乏味，缺少了「全心全意投入」的滿足與成就感，而這卻是珍妮一直掌握著的要素。

如果我們的熱情在一開始沒辦法變現，絕對不該是個放棄的理由，最重要的是，你要是「自願且自動自發」的想要來做這些事情，當我們越做越純熟、累積的作品越來越多，賺錢是遲早的事，而開始賺錢之後，配合商業思維和合適的經營方式，將其規模化也不是件難事，最難的地方其實是找到一個能讓你奮不顧身、能說服自己的理由。

想要在工作或生活中找到意義，一定得提一下我幾年前曾經讀過的一本書《Ikigai》，Ikigai 是日本沖繩人的一種生活哲學，人們將它翻譯為「活著的意義」，經學者研究，沖繩的人不只長壽且健康，到了八、九十歲依然充滿活動力，重點是，他們普遍的快樂和幸福指數皆比其它地區的日本人來得高。

這些學者一直很想要了解，除了清淡養生的飲食習慣和每日適當的活動量之外，到底是什麼原因讓沖繩的老人們如此快樂且充滿幸福感？這群學者最後研究出的結果，就是在沖繩人對於「Ikigai」的定義。

沖繩人認為，Ikigai 是那個早上讓你興奮起床的理由，Ikigai 是你活著的目的，最重要的是，「每一個人都擁有 Ikigai，有的人已經找到並能時時刻刻感受到 Ikigai 的存在，而另一些人則還在尋找未曾露面的 Ikigai。」

我們在坊間看到與「設計職涯、找到意義」的圖像，大多是類似作家詹姆·柯林斯在《從 A 到 A+》書中所發表的刺蝟原則，利用「熱情、專長、獲利」或是「天賦、熱情、專業」這三個元素交織在一起，找到你天生就做得不錯、本身就有興趣，也有一些後天技術的「職志」去成為你的專業。

然而，當我閱讀《Ikigai》這本書時，是我第一次看到把「世界需要什麼？」加入尋找人生價值的行列。在下圖中，你可以發現找到你享受的事就等於你的熱情，你擅長的事等於你的天賦，而別人會付錢請你做的事則是後天累積的專業，這三個元素交織在一起就是個挺適合你的職涯道路了，可是既然如此，為什麼還會有這麼多人在生活中感到停滯、空虛，甚至找不到活著的意義呢？

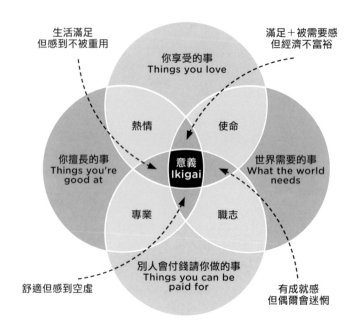

我認為，答案就是我們缺少了那個「Bigger than yourself」的意義，也就是 Ikigai 的第四個元素：世界需要的事。

根據 2015 年世界衛生組織（WHO）的調查統計，全世界自殺率最高的地區為歐洲，當我看到這份數據時，開始好奇：「為什麼會自我結束生命的人，都不是那些先天生長環境缺乏的人，反而是優渥或先進國家居多呢？為什麼生長在未開發國家，沒有乾淨水源、沒有電、

每天要擔心著下一餐的人反而比較少自殺？他們的生活明明是如此的艱難、痛苦，是什麼原因讓他們堅持活下去？」當然，這只是片面的想法，也不能用一個總體數據去以偏概全，但從這個觀點來看，好好活下去似乎是一種自身的選擇，而快樂的活著，也是我們可以做的選擇，而除了這些自身的選擇之外，我們的地理環境和社會結構也與這個議題息息相關。

學者丹‧布特納（Dan Buettner）曾做過一份調查研究世界擁有最長壽人瑞的前五名地區，上榜的有日本沖繩、義大利的薩丁尼亞、美國加州的羅馬琳達、哥斯大黎加的尼科亞半島、以及希臘的伊卡利亞群島。這些地方被稱作「藍色寶地」，以盛產長壽人瑞為名，五個上榜的地區有三個是島嶼，學者從這份研究中發現，就是因為島上的物資缺乏、資源不足，島上的人們需要互相幫助，因此他們的社群連結感比其它地區的人來得強烈許多。

這份研究似乎解釋了為什麼已開發國家反而是自殺率最高的地區，在文明世界裡，我們豐衣足食，什麼都不缺，這會讓社會之間的連結性、互助性降低，提高的只有金錢與利益的價值交換，當我們不需要彼此、不在乎彼此，甚至不關心世界到底需要什麼，我們反而會失去每個人都在尋找的「意義」。

若你仔細回想人生中讓你感到充滿意義的時刻，決大部分都是「與他人產生連結」有關，例如說終於遇見真愛，決定與某個人攜手到老；第一次捧著你的新生寶寶，感覺你的生命一瞬間昇華到另一個層次，而我相信這樣的連結不一定是只限於人類，有的人與動物、植物，甚至是一些無形的能量都能夠產生特殊的連結感，這樣的連結感能夠讓你感受到生生不息的能量，也能讓你對人生意義產生嶄新的見解。

在《阿德勒心理學講義》中，阿德勒提到：「培養對社會感興趣是教育、待人接物與人格發展中非常重要的一環。如果一個人對世界不感興趣、對社會漠不關心，他一定會朝著生命無用的方向前進。舉凡問題兒童、罪犯、精神病患等，都是對社會、社群連結不感興趣且置身事外的人。」

在我的生命中，也遇過一些認為自己「生無可戀」的人，有意思的是，這些人有地方住、有暖和的棉被蓋、有手機、可以買漂亮的衣服、有的甚至也不缺錢，想出國就能出國，但他們依然覺得活著沒什麼意思。

讓作者埃克特・賈西亞撰寫《Ikigai》的一個起心動念就是：「為什麼有些人知道自己想要什麼並且充滿熱情地活著，而有些人卻在迷茫中心力交瘁的過日子？」看完這本書，我認為創造出一個有熱情、有意

義的人生，最重要的關鍵就是找到那個「**超越自我**」的使命。

世界著名偉人們的一些共通習性，就是他們能早起、能花很多時間（好幾年甚至一輩子）鑽研他們所在乎的議題，他們受到挫折後皆不容易被打敗，他們不是為了錢，甚至還要自掏腰包去完成這些任務。他們擁有的就是一個「Ikigai」，只要你能找到一個大於自身的意義，你能早起、你能晚睡、你能瞬間有很多動力、你會想盡辦法縮短理想與現實的距離，而其他人怎麼說、怎麼看，也瞬間都變得沒那麼重要了。

你也許在想：「但是我實在是找不到什麼大於我自身的意義，我才出社會沒多久，好像也沒能有什麼社會貢獻，或者，我只想像珍妮一樣做甜點，這樣事情會不會顯得太微不足道？」

其實，找到一件你認為社會或世界需要的事情，的確需要一些人生歷練，它也與你人生在各階段的經驗有關。例如你通常是當上父母之後，才會開始對育兒和親子的議題感興趣；當你的權益受到威脅，你可能才開始對勞工和政治議題感興趣。因此，所有的意義皆會先以「利己」的樣貌浮現你的生活中，你絕對是有著某方面的興趣，或者有參與類似的議題，才會開始思考其他與你有類似處境的人們，所遭受的影響是什麼。也因為如此，我們在做的很多事情都會是「先以

自身利益」為出發點，在日常中不斷實現自己所定義的理想角色（例如什麼是理想的關係、理想的家庭、理想的外貌、理想的工作……等），當你的自身利益得到滿足後，你會發現過了一陣子，日子開始變得枯燥空虛，這時候，若想要尋找更深層、更強大的意義感，就是要從「利己」移動到「利他」，這也是在工作中或人生中找到意義並賦予意義的最有效方式。

對於還沒有找到大於自身意義的朋友，我會建議先別急，多多關心自己與社會上發生的事情，真心的交友、交流，有事沒事就做一些沒有金錢回報的事情，好好的過日子，只要我們認真的體驗生活中發生的大小事，我們的社會連結感就會變得更強韌，那漸漸地就能看到那些在自我之上的議題。這些議題不一定要是「改變世界」的規模，有時候，從身邊最親愛的人身上，你也能找到 Something bigger than yourself。

珍妮沒有因為做甜點而賺進大把鈔票，珍妮也是以「利己」的角度作為出發點，但是過程中她逐漸轉為「利他」模式，並改變商業模式（請人、外包、系統化、自動化）慢慢的打破空間、時間、營收上的限制。所有外在的技術都有對應的解套方式，不過以大局觀來看，為你的行為賦予意義，才是驅動一切向前的核心要素，除了找幾件自己有熱情的事之外，思考以下幾個問題對意義的探尋也會有幫助：

1. 我公司的願景是什麼？他們為社會帶來了什麼樣的改變？

2. 我的職務在這之中扮演著什麼樣的角色？幫助或影響到什麼人？

3. 我做這份工作除了獲得薪水之外，還能獲得什麼無形的收穫？

4. 當我獲得這些無形收穫，能為我身邊的人帶來什麼樣的影響？

5. 我的理想生活是什麼？做這份工作是否能讓我更接近自己的理想生活？

你現在在做的事與未來想要開始做的事，究竟是離你的理想生活越來越近，還是越來越遙遠？你的理想生活一定得在什麼事「搞定了」以後才能開始建立嗎？你做這份工作背後的心理訴求是什麼？除了利己之外，要怎麼樣讓這些事帶給其他人意義呢？**當我們能夠從根本的去理解自己「為什麼要做這份工作」且有一個能夠說服自己並打從心底信服的理由，你工作的意義就會出現了。**

Chapter 03

拉近專業與
熱情的差距

如果你知道終點站是什麼或者有一個明確的衡量基準,那就如同賽
跑看得見終點一樣,每一步的累積都會更加的踏實,也更知道自己
每走一步,都實實在在的往目標前進著。

#3-1

業餘、副業、
專業的差別

找到了熱情也抓到了意義，但技術與經驗上就是還沒辦法做出轉換，該怎麼辦呢？其實，技能不足的解決方法就是補足技能，就這麼簡單，但倘若事情真有那麼簡單，為什麼世界上依然有一堆人無法建立起自己的專業技術，一直停留在業餘的階段呢？答案就是非專業與專業之間有一道非常重要的差別。

如果我們將一門技術分成業餘、副業、專業三個類別，你會發現從業餘到副業的程度，其實是可以靠看書、自學等方式建立一定的基礎，而在這個人人皆可發聲的社會裡，副業程度的技能足以為我們帶來一些聲量或一些生意；然而，想要從副業走到職業，我們需要的是「刻意練習」。

《刻意練習》是我個人非常喜歡的書之一，作者們相信經過有目的的練習與有效的經驗累積，任何人都可以後天養成一種新的技能並且成就卓越，在閱讀這本書的過程中，我也發現我們在對待自己的業餘興趣時，很容易忽略刻意練習的步驟，因此在專能技能上一直無法有效突破，那刻意練習與業餘練習究竟有什麼不一樣的地方？以下有四個方向：

1 刻意練習必須具備明確目標

2 刻意練習必須是專注的

3 刻意練習必須要能獲得反饋

4 刻意練習必須要不斷地跨出舒適圈

以學習語言為例，許多人會因為外文底子不錯，而開始想要從事與語言教學有關的自媒體，事實上，每一個語言能力不錯的人都可以來做這樣的嘗試，建立粉絲專頁、開啟 Youtube 頻道，就能夠開始自己的小副業。然而，如果我們沒有用刻意練習的方式去制定一個很明確的學習目標，盡可能地定期定量練習（而不是心血來潮才練一下）然後去詢問觀眾、學生或導師的反饋，並且不斷地挑戰更高難度的練習，那我們很容易一直停留在「副業」階段，而被後進追過。

其實，這件事情我自己也非常有感覺，幾年前，我開始自己的音頻節目分享遠距工作、品牌經營與自我成長，完全只是因為自己對這些主

題有感覺，進而想要開始分享。對於遠距工作和品牌經營，因為命題
具體且技術明確，我非常知道要如何用刻意練習的方式來提升與優化
技術，但是對於自我成長這麼抽象的主題，當時的我實在不曉得要如
何去訂定明確目標並在生活上衡量它們，而我也馬上感受到這種抽象
議題如果不精準化，很容易卡在一個 Level（其實就是業餘的 Level），
然後每一次講的內容都很虛很鬆散且很雷同，久而久之，不只你知道
自己沒有在進步，可能連你的觀眾也都感受得出來。後來，我的調整
方式就是加入相關課程並聘請教練，利用教練給的課題在生活中做實
驗，慢慢累積實戰經驗、技術與知識，努力的從副業走向專業。

非專業與專業之間的區別，就在於刻意練習，而刻意練習是需要許多
耐心、毅力與明確方向和內在驅動力來達成的，這些元素缺一不可，
也正是因為許多人沒辦法度過這一關，才會一直沒有辦法從業餘程度
畢業。

我其實一直很相信現代人能夠靠自學就成就一份專業，我也是熱衷於
埋頭苦幹、凡事自己來的人，但近幾年，我深深感受到擁有「教練」
的重要性，也體會到這個角色在專業上給我們多大的幫助。

印象很深刻的小故事是小學三年級第一次接觸電腦課的時候，當時的
我對電腦這個東西的興趣非常濃厚，看到電腦課的老師有一個非常漂

亮的個人網站，我就開始研究怎麼去架設網站空間、建立網頁。那個時候，班上可能只有我一個小孩會在放學之後回家繼續研究網頁設計，當時的我什麼都自己嘗試，就連網址（URL）都是一個字一個字從「https://www...」這樣的開頭慢慢打出來，直到某天電腦課上課時，老師看到我在手動打網址，他就跟我說：「你知道你其實是可以按複製與貼上嗎？」小學三年級的我連滑鼠右鍵能做什麼都不太曉得，更別說是 Control + C 了（覺得完全是外星語言啊！）聽完老師的提醒，我感到非常尷尬害臊，也有點氣自己怎麼不早一點問老師，不曉得可以省下多少自己手動打網址的時間⋯⋯

在成長的過程中，我一直都是一個興趣非常多元的小孩，經常會吵著爸媽讓我報名芭蕾舞課、水彩繪畫班、鋼琴、書法或是空手道，唯獨一件事是我不只不感興趣，還避之唯恐不及的──下廚。我們家經常外食，就算沒有外食，也都是由媽媽準備好晚餐，我沒有什麼料理的經驗，也不太有料理的天份。某一次我把雞蛋放到微波爐裡微波，結果雞蛋整個在微波爐裡大爆炸，這大概就是我當時的廚藝程度。有意思的是，儘管我的料理程度如此初階，我還是不太願意去向人請教方法，需要做菜的時候也總是憑著直覺胡亂料理，也許是自尊心作祟，越是知道自己做得不好，就越不好意思去揭露自己的短處。

好在，我的婆婆是美國人，不太會要求我下廚煮飯，某一次的家族聚

會，我們一群人一邊在廚房聊天，一邊幫忙分工一部分的料理工序，當時的我正幫忙切花椰菜（我先生派給我最簡單的工作），我婆婆看到我切出來的花椰菜散落一片，因此靠到我身邊跟我說：「你想不想知道一個切花椰菜的小技巧？」我說：「當然好。」她告訴我：「你只要將花椰菜的根部切到一半，然後剩下的部分用折的，不要用切的，就能把花椰菜一束一束的折下，保留頂部的菜花，減少頂端的碎形部分散落在一旁。」

對於當時廚藝只有幼稚園程度的我來說，聽到這些小技巧讓我倍感驚嘆，當下我突然發現，僅僅像是「用折的」這麼簡單的操作方式，我卻沒有意識到能夠這麼做，這又再一次的喚醒我小時候「複製貼上」的丟人記憶，明明知道這不是個最有效率的方式，為什麼卻不願找到解決方式或請教他人，反而用一模一樣的方式不斷地在同一個環節失敗呢？

我們每一個人都會有自己特別擅長或特別有感覺的項目，假設我從小就是一個對下廚很感興趣的人，我相信我的廚藝絕對不會是今天這種程度，但如果你一直都走在傳統職涯道路上，除了工作之外，你沒有其它專業，該怎麼辦呢？最簡單的方式就是先自學，自學到了一個程度，開始虛心請教與接受反饋。

其實，我們現在正面臨的就是由專才變成通才的一場演化，在以往的社會中，每一個人都扮演著一種角色，只要扮演好你的角色，就能在生活中獲得成就感、資源、物質上的快樂以及平安喜樂的人生，然而，隨著生活型態與意識的改變，人們開始追求在自己的人生裡扮演不一樣的角色，我看到醫生開始兼職當 Youtuber、40 歲的大哥開始學做部落格，就連我婆婆 65 歲，都來問我如何在網路上教其他人針織與縫紉。

如果你的熱情剛好是你擅長的事物，那恭喜你！只要你持續花時間去投入這件事，你的功力自然會慢慢加深，但如果你的熱情（或者想要開始嘗試的事）是你完全不熟悉的領域，那又如何呢？這也不是什麼稀奇的事情，這反而是各種年齡的人每天都在面對的事。

我經常在讀者的來信中，發現一個常見的問題：「我想要開始做_____，但是我完全沒有這方面的經驗或技能，這該怎麼辦？」其實，這是一個非常好解決的問題，我們也通常把這些事情想得太過複雜，因此遲遲不敢跨出第一步，在這邊，我們可以將「毫無頭緒」步驟化，來執行以下幾件事：

前置作業：資料蒐集與自學（先有普通常識與基礎程度的理解）

步驟一：找人（可以幫助你進步的教練導師或合適人選）

步驟二：找方法（知道有什麼更適合自己的學習方式）
步驟三：找工具（知道有什麼可以加速學習的輔助工具）

沒有經驗或技能，最快的解決方式，就是找「導師」，去請教一個在該領域比你有經驗、有成就的人，是你起步得最快方式。

以我的例子來說，我自己在廚房胡搞瞎搞，都不如和一個有經驗的人請教，花不到五分鐘就解決我切菜切不好的問題；反過來說，你可能也經常幫忙身邊的長輩處理一些電腦的問題，有些長輩花了 15 分鐘都不知道要怎麼讓文字在 Word 文件裡置中，這對你來說可能是五秒都不用的小事，想要快速的讓技能純熟，你就是要從身邊去找合適的「人」，這絕對比你自己花大把時間埋頭摸索來得有效率的多。

因此，假設你今天想要學習投資理財，你可以先拿出一張紙跟筆，將你身邊的人脈庫做個清單，你有沒有對股票很熟悉的叔叔、阿姨？你爸媽是否曾經買過房子、當過房東？你是不是有朋友在相關領域工作，或朋友的朋友是不是在銀行上班，你能不能向他請教一些信用貸款或不動產估值的問題？其實當你仔細思考，你會發現身邊絕對有你可以利用的資源，就算找不到合適的人選，你在網路上 Google、或去當地免費圖書館找資料，也絕對能讓你從毫無頭緒到開始有些脈絡。

當你感到徬徨、無助，覺得自己沒有技能就想要打退堂鼓，通常是因為你被過多的想像和無謂的擔憂給困住，而無法看見整件事的「大局觀」。什麼是大局觀？就是你做這件事的目的和初衷以及意義到底為何，當你內心有過多的假設或完美主義過甚，你就會不斷地阻礙自己前進，但如果你什麼都不做，你擔心的事情也全都不會發生，那為何又要花你寶貴的時間來瞎操心呢？又或者是，對，你一開始會做得很爛，你會被嘲笑，你甚至會出現很多錯誤，這些是必然會發生的事情，那所以呢？你到底打算做，還是不做？

我們經常會高估「做」某一件事的結果，卻低估了「不做」所帶來的後果。

如果我們的大局觀清楚，我們便會知道做這件事的用意為何，為了完成這樣的目的，我們的確是會遇到很多挫折，可是沒有挫折，我們也無法成就做這些事情的意義。

因此，遇到無助和擔憂時，不要緊張，我們就慢慢的從身邊熟悉的資源開始，如果身邊沒有資源，你也可以去買書、上課、參加活動，請教一些專家或教練，他們扮演的角色，就是協助你更快速地達成你想挑戰的事情呀，所以請好好利用這些人脈與資源，這樣你在踏出第一步時，就會更有方向和頭緒，心中的確定感增加後，你的技能變好也

是遲早的事情。

第二個步驟，當你找到合適的人選後，你要向這些人請教他們的「方法」，你可以先去釐清和拆解一下你想要學習的「具體」目標為何，然後從中開始詢問他們「操練的過程」長什麼樣子。

例如，我如果直接去跟我婆婆說，你能教我下廚嗎？這樣的方向對她來說可能太廣泛，你最好自己要先有一些具體的目標，例如怎麼煎蛋？怎麼做焗烤燉飯？怎麼包出好看的壽司卷？當你的學習目標越清晰，你的學習效果就會越好。因此，帶著目的去學習是第二個步驟的重點。

如果你在想：「但我就是連拆解後的小目標都不知道該從哪裡開始學習？該怎麼辦呢？」我給你的小技巧是：「用故事的角度切入去找靈感，再將靈感與問題具象化。」

我先生的舅舅和舅媽是美國俗稱的「FIRE 理財族」，他們 35 歲就財富自由，現在已經過了 30 幾年的退休生活。如果你問他們說：「怎麼樣才能達到財富自由？」他們會回你：「開源節流，謹慎投資。」而這麼籠統的答案，可能都不是你我在尋找的答案。因此，你可以換個方式詢問你的導師：「你當初是在什麼樣的情況下開始接觸_____？

你從哪個領域開始學習？你最先實際嘗試的項目是什麼？為什麼？你的學習時間軸長什麼樣子？」

我問過舅媽許多有關理財和投資的問題，但我發現問問題其實是一件非常有技巧的事，你如果籠統問，對方就會籠統回，但如果你能夠請他們用比較有系統、有脈絡且循序漸進的步驟來告訴你他們的學習和操作方式，這對你來說會比較有明確的學習方向，而我認為最好的詢問方式，就是問出故事與時間軸。

當我請舅舅跟舅媽分享他們的人生故事時，他們跟我分享他們20幾歲的理財方式，他們極度的節省，兩人薪水共用，幾乎能存下一半的收入，第一次投資是買了一顆價值好幾萬美元的鑽石，他們說當初以為這可以是一個保值的財產，但後來覺得這個作法非常愚笨，因為無法錢滾錢；後來他們買了一棟45間套房的公寓，心想從此之後可以當個悠閒的包租公、包租婆，但45間套房就帶來了45種惱人的房客，他們馬上轉手，決定再也不要逞英雄，往後都開始以家庭式房屋來操作房地產。

在這些故事中，你可以學習到這些人是如何開始的，他們第一步的選擇是什麼？他們做錯了什麼？做對了什麼？為什麼？他們存錢的方法是什麼？他們是如何找到合適的貸款？合適的投資物件？他們選

擇投資物件的標準是什麼？為什麼這樣選？在投資裡做過最好的決定是什麼？最後悔的一件事是什麼？而你也可以從這些故事中，判斷出這個導師的性格與你雷不雷同，他是屬於保守派還是激進派？對於這樣性格的人而言，怎樣的學習方式比較有效？是直接做了再說，在錯誤中學習？還是做好萬全十足的準備，學習抓準進場時機？

如果有機會，你可以和這位導師或教練聊一聊，這不只能夠增加話題趣味性，也可以讓學習變得更生動，如果這個導師並不是你身邊的朋友，你也可以上網查一查他的自傳或生平事蹟，找一找他曾被採訪過的文章或影片，藉以觀察這些人的學習方法，並且挑選出「適合你的」部分，套用在你的生活中。

選擇一個適合你的導師是至關重要的一步，當然，這會考驗到你的判斷能力，和你對你自身的了解程度，我們要自行去判斷你是否喜歡這個老師的風格、理念？你是否認同他的學習策略以及他的態度？如同馬雲曾說的：「比選一間好公司更重要的，是跟對一個好的領導人。」

第三個步驟，我們要從這些人或這些事物上找到你可以使用的資源，你要知道他們曾經在哪樣的教育體系下受到這些專業的培訓？你要去詢問他們使用哪些工具來自學，他們看了哪些書、參加了哪些聚會？在成長大躍進的那段時間做了哪些訓練？

這樣的問題問起來這可能會是：「幫助你最多的一本理財書是什麼？你有沒有最喜歡的投資專家？你的新資訊都是從哪裡來？你有推薦的線上課程嗎？你有沒有認識可靠的房仲或推薦的貸款方案？如果你有理財投資方面的問題，你會向誰求助？」尋找專業人士推薦的學習資源也能有效的幫助你從菜鳥變成專家，這也可以省去你自行摸索所浪費掉的時間。

當你有可以起步的方向、可以使用的工具、可以研究的資源以及可以請教的對象之後，其實你的學習之旅就已 All set，剩下的就是技能研磨與刻意練習所需要的毅力與耐力了。

其實，沒有技術、沒有方向，往往都是因為「沒有練習」，有熱情沒技能絕對不該是個讓你退縮的理由，以前的你可能也不會開車，但是現在你怎麼會了呢？因為你有教練、有工具、有技術而且有練習；以前的你可能不會彈吉他，但是當你持續的鍛鍊，你就能夠習得這項技術，這是一件無庸置疑的事。

因此，我們先從彙整身邊的資源開始，如果你今天能夠看到這本書，你就一定有辦法從身邊、從網路上蒐集你需要的資源，接下來就是找人、找方法、找工具，然後開始練功吧！

#3-2

開始提供價值，
為你的工作加薪

到了這邊你可能在想：「那光是專注於磨練技能，到底要等到什麼時候才可以開始賺錢？就算工作再怎麼有愛有意義，還是需要一些盤纏的吧？」

這是一個非常棒的問題，而我相信在現代，一邊磨練技能是可以一邊賺錢的，只是你要先釐清與設定好你所扮演的角色為何即可，你不一定要非常專業，才能夠提供價值，但你需要知道你的價值所在。

很多人以為一定要有碩士學位、要有多少年的工作經驗，才可能在某個領域找到工作賺到錢，其實，身為現代人的我們非常幸運，因為這在你爺爺奶奶或爸媽的年代，學經歷也許是一個事實，但在現代卻不一定如此，重點依然是你提供了什麼「對他人有利」的價值。

而「對他人有利」不一定是實際物質上的利益權衡，如同前幾章節所講述的，找到能幫其他人省時、省錢、省力的項目，你也可以開始販售你的「價值」，這些價值也能在你一邊磨練專業時一邊提供給有需要的人，我們將它分成以下四種角色，分別是：彙整者、紀錄者、分析者、傳播者。

一、彙整者

彙整者顧名思義就是一個「整理內容」的人，在這個資訊量龐大的數位時代，我們其實花非常非常多的時間去尋找那個自己真正在找的資訊。這因為如此，彙整者的功效才會如此重要，如果有人能幫你把這些零碎的資料做整理、分類、排序，那他就達到了「價值的提供」，他所提供的價值，就是幫你省時。

省時對現代人來說是非常珍貴的一種服務，而你完全不需要有經驗，就能開始來做「資料搜集與整理」的這個動作。我們最常見的例子就是要旅行的時候，會直接去書店買一本當地的旅遊攻略，或者比起在網路上地毯式搜索，我們寧可找一個專門寫當地資訊的部落格或網站來閱讀。

那究竟要如何成為一個彙整者呢？最簡單的方式就是你要開始養成「搜集、整理與篩選」的習慣，並且針對你的主題和興趣，去做更廣泛地觸及。例如說旅遊攻略，就是將所有旅遊時需要的重點資訊彙整在一起，你在網路上所看到的食譜教學、說書頻道、新聞媒體，也都存在著一樣的價值。

作為一位彙整者，你需要比其他人看更大量的內容，並用非常清晰的邏輯，做出有脈絡的整理，讓你的顧客、你的觀眾更好消化、並且用更短的時間，就能吸收和找到他們要的資訊，因為這就是你的價值所在。

舉個例子，我們在學生時期可能會和成績比較好的同學「借筆記」來抄，為什麼課本上有更多、更深的內容，你反而要去抄其他同學的筆記呢？答案就是，我們並不需要過多過雜的資訊，我們要的只是重點而已。因此，身為一個彙整者，你的價值就是過濾和篩選資訊，並且濃縮出最精華的部分，提供給有需要的人。

而這項技能，不需要過深的專業或經驗就能來進行，相反的，你就是在當彙整者的過程中，慢慢深化自己這方面的知識與專業。如果你是一個很願意花時間看很多資料、並且熱衷於整理和計畫的人，相信作為一個彙整者會是非常適合你的起步方式。

二、紀錄者

第二種沒有技能的起步方式就是當一位紀錄者，紀錄者的價值所在，就是你付出了時間和心神去體驗一件他人也想要體驗的事物，並且將你的體驗記錄下來，給予客觀的結論，使其他人看了你的結論之後得到了參考的價值。

例如說某些人會記錄自己試用某產品長期下來的變化與心得，許多遊記或是 Vlog 也有類似的功用，它們提供有需要的人，省下時間和金錢去實際體驗，就能夠依照自身的情況，去判斷對自己有用的內容。

紀錄者與彙整者最主要的差異，就是紀錄者是針對特定或單一事物，做深入的研究和觀察並且記錄經驗，而彙整者則是廣泛的在大主題之下做水平蒐集，不一定要自行體驗與記錄體驗。如果說你是一個完全新手，但是想要開始學理財相關的知識，你也許便能開始紀錄你看某本書、上某些課的心得，或者你自己實戰實作的一些紀錄與觀察。這些資訊對於和你一樣剛起步的人而言，有非常高的含金量，因為這些資訊能夠幫助他們判斷並且找到更適合他們的課程、素材與資源，雖然方向上與彙整者有些差異，但整體而言，卻能帶給觀眾同樣的價值。

三、分析者

對現代人來說，資訊其實並不值錢，整理好的資訊才值錢，因此我們有了彙整者、有了紀錄者。然而很多情況下，整理好的資訊可能還不夠有價值，如果沒有獨特的見解或更深入的分析，那光是資訊，可能也無法為你所用。因此第三類型的操作方式，就是去當一個分析者，例如說你想在網路上購買相機，你可能就會去看一些部落客做好的比較圖，你可能也會閱讀某個對相機有研究的品牌所分析的要點。

為什麼我們需要分析過後的內容？因為這可以讓我們看見一些你可能沒想到的元素。例如說，影評分析可以透過電影讓我們思考與人生的關聯；食評分析可以讓你從中獲得一些調味或選材上的靈感，甚至在下一次下廚時拿來運用。

如果你對某一個領域特別有熱忱，你通常也相對看過、試過更多該領域的事物，當你腦中內建的資料庫越來越豐富，你便能夠做出更有深度且更有建設性的分析，因為你看得多，你能比較的資料也多，你的經驗如果足夠，你也會知道身為消費者的觀眾們，心裡在尋找的到底是什麼。

因此，第三類分析者，比起彙整和紀錄者而言，確實需要更長的時間

來經驗累積。如果說你對某一個領域的議題特別感興趣，而你也是個非常享受於拆解、重組和分析的人，相信第三類型的起步方式，也會非常適合你。

四、傳播者

在現代，資訊的落差其實就是競爭力的落差，以中國為例，一線城市北京上海廣州在 2021 年流行的東西，可能要 2022 年之後才會在二線、三線城市中普及，許多資訊因為語言、地理、政治、人文因素而無法快速傳播，這時候，傳播者所扮演的角色，就如同一盞探照燈，在其他人尚未取得這些資訊、資源之前，搶先取得消息，再傳播給有需要的人，其中，新聞媒體業就是個非常好的例子。

若將這個例子搬到現代，你可以看到有旅居米蘭的時尚部落客，因為能夠搶先看到當地當季最主流的 Fashion Show，就能馬上把這炙手可熱的消息傳播給在外地或有時差的觀眾，儘管不放上任何的個人觀點、分析或詳盡的整理，這塊「Raw Information」依然有十足的份量與價值。

你也可以看到許多人會翻譯國外的脫口秀或有趣的視頻來傳達內容本

身的消息，或有人會將某些購物網站的優惠、折扣消息快速地傳遞給身邊有需要的朋友，只要是在不違反他人權益的情況下，你都能夠去扮演資訊傳播者的角色，為他人帶來更快、更新、更正確的消息，而這個資訊本身就存在著價值。要是沒有傳播者這個角色，很多時候我們一般人因為根本沒有辦法取得當地資訊，或者根本聽不懂這個訊息原文的語言，因此產生的誤解，而無法做到有效的價值交換。因此，你可以思考看看自己是否本身有語言優勢？地理優勢？背景或經歷等優勢？能夠讓你用比其他人更快、更準確的方式，去傳播那些你認為值得傳播的資訊。

以上這四種「沒有技能的專業打造法」，我相信它沒有絕對的先後順序，全是依照你個人的興趣、偏好來執行，而若想要四項同時進行也是可以的，只要你知道你的客戶在找的到底是什麼，你就能發現「提供他所要的價值」不是難事。學會把自己變成客戶，用「換位思考法」去出現在你的客戶會出現的地方，去提供你客戶真正有需要的內容，這麼一來，儘管你還正在磨練自己的技能，你的客戶依然能感到有收穫，而有收穫，自然就有買單的意願。透過後續獲利模式的建立和行銷技巧的鍛鍊，你便能夠漸漸為自己創造更多元的收入、甚至創造就業機會，讓你的工作除了有愛、有意義，也能有獲利，達到全方位的平衡。

#3-3

學會失敗，
你就會越來越成功

有一個大家耳熟能詳的故事是這麼說的：愛迪生與夥伴們花費了很多年來發明燈泡，並且測試過一千多次製作燈泡的材料但是都宣告失敗。當愛迪生終於發明出可以成功使用的燈泡時，某些想要諷刺愛迪生的人故意問他說：「請問失敗一千兩百次是什麼樣的感覺？」愛迪生回答：「我哪有失敗一千兩百次？我是找到了一千兩百種不能製作成燈泡的材料呢！」

要從門外漢踏入一門不熟悉的領域，你會踢到很多鐵板，你的學習之旅也絕不是一路順遂，但是要將技能打造到一定的水平，關鍵就在於你對於障礙的韌性以及你看待失敗的定義。

愛迪生是一個比較偏激的例子，要能夠忍受失敗 1200 次的挫折，你

需要的是一個非常清晰明確的願景，你要知道做這件事的意義為何，為了達成這個目標，所有的失敗都會被你看作為前往下一步的重要基石。

美國有句諺語說 "I win or I learn, but I never lose." 愛迪生將自己所有不成功的實驗，都看作是一場有收穫的學習，就算我沒有在這次的實驗裡發現可以發明燈泡的材料，但至少我又知道了一種無法發明燈泡的材料。

有熱情沒技能，沒怎麼辦，就是用心的打磨與練功，這是一個非常明顯的事實，卻是很多人都難以通過的瓶頸，原因就在於「不知道什麼時候才算成功了？」「不曉得還要累積多少經驗才能上戰場？」「成功遙遙無期，究竟有沒有離目標越來越近？」人類非常不喜歡帶有不確定性的事物，而為了能讓自己更加有動力的去付諸行動，你在專案規劃和學習旅程的設計上就要更聰明，要更有依據的去設定檢驗站、停損點，讓你心裡能有一個底，知道要拿什麼來作為衡量的標準。

如果在前期，我們不能像愛迪生一樣有一幅清楚明確的藍圖，那我們可以做的就是研讀類似的成功案例並觀察他人的操作模式。

在這和你分享一個很有趣的故事：美國知名女演員布萊絲・達拉斯・

霍華（Bryce Dallas Howard）在受訪時分享自己試鏡徵選的故事，她說自己的外婆也是一位演員，外婆在小時候告訴她，一位演員平均需要試鏡 64 次，才能得到一個角色的機會，也就是說，在第 64 次之前，你的試鏡沒有下文都只能算是正常而已。

當她自己開始走入演藝圈默默無名的時候，她就開始計算自己到底落選幾次，當她第一次得到演出的機會時，那是她約莫第 47 次的試鏡，她的經紀人就問她說到底怎麼辦到不放棄（花了一年的時間，幾乎每個禮拜都去做電影角色試鏡）？她便和經紀人分享外婆告訴她的故事。

布萊絲現在是好萊塢的一線演員，參演過侏羅紀公園、姊妹、黑鏡等知名影劇，她在受訪時表示：「現在的藝術家通常不太知道這個數據，畢竟我們總是被媒體灌輸著一夕爆紅的假象，所以當我們在嘗試了幾次之後，發現沒有進展就會以為自己失敗，以為夢想行不通，因而走向放棄。要不是我外婆和我說了試鏡失敗的平均值，我可能也不會有這樣的心理建設，我會告訴自己在被拒絕 64 次之前，我絕對不會放棄，因為這就如同進入娛樂產業的第一道門檻，如果我連這個門檻都跨不過，我就無法朝向更偉大的演藝事業發展。」

雖然這只是個美國演藝生態的例子，但也許，我們都必須「失敗」個

111

64 次，才能領到入場的門票，又或者，那根本不算是 64 次失敗的試鏡，而是 64 次必要的練習。

另外一個案例出現在《原子習慣》這本書裡，作者在書中用一個非常有趣的例子來描述「成功前的失望之谷」現象，他說：「一塊冰塊放在一個低於零下的房間裡，從華氏 26 度開始慢慢上升，溫度上升至華氏 27、28、29、30、31 度，冰塊不為所動，然而，一到了華氏 32 度，冰塊就開始融化了。」

這個故事就像是我們對於人生階段的突破，也像是女演員布萊絲所提到的試鏡門檻，當你在華氏 26 度到 31 度時，我們感到迷惘，我們感到不知所措，我們覺得自己做的每一步都沒有終點、沒有進展，但冰塊會融化並不是突然且沒有根據的，而是透過 26、27、28、29、30 這樣慢慢升上去，每一度都是累積，每一度都是推使你突破瓶頸的合力，另外，我們也要先知道華式 32 度等於攝氏 0 度，如果沒有這樣的概念跟標準，你可能更會覺得這是一項遙遙無期且看不見終點的練習，如果你知道終點站是什麼或者有一個明確的衡量基準，那就如同賽跑看得見終點一樣，每一步的累積都會更加的踏實，也更知道自己每走一步，都實實在在的往目標前進著。

擁有一個數字或時間軸，能夠幫助你更有確定性的往前。如果你卡在

有熱情、沒技能，且缺乏動力去磨練專業，我們便要學著去找到「加速成果」和「堅持下去」的方法。在前幾個章節中，我們知道學習一項新技術要找到對的人、對的方法和對的工具，現在，我們需要更完善的配套措施，讓你能夠「有感」自己在持續進步，進而更有毅力去完成你的學習之旅。

這三個重要元素分別是：**持續請教、設計學習計畫、創造環境。**

一、持續請教專業人士和持續進修

想要快速進步或持續進步的最快方式就是找一位適合你的教練。以滑雪為例，對於平時沒有在滑雪的人，難得到日韓或歐美旅行，可能都會想體驗一下滑雪的快感，這時我們一般有兩種選擇：一種是請一個滑雪場的駐場專業教練，讓他帶你練習一小時，了解基本的動作和技巧，再到高一點的滑雪場去玩樂；另外一種是自行摸索，在一旁的初學者專區練習，花了幾個鐘頭熟悉之後，再到附近的初階滑雪區遊玩。

一直以來，我都是選擇第二個方式自己在旁邊摸索，我心想著自己會直排輪、也會滑冰，滑雪應該也難不倒我，而我也確實能夠掌握一些

基本技巧，在初階與中階的滑雪場裡自由穿梭。然而，當我開始到難度比較高的滑雪點時，我發現平時那些小伎倆已經不夠用，它不能讓我快速煞車或快速閃避，雙腿的肌肉好像也使錯力，每每想要挑戰進階滑雪道都摔個東倒西歪。為了不再拿自己的生命開玩笑，我請了一位教練從最基本的基礎開始學起，短短一小時，我學會了快速煞車和平行併腿轉彎（這個技巧我練了超過 72 小時都練不好，只因為運用了錯誤的肌肉部位）。現在回想起來，我有點後悔自己耍小聰明，沒有在最一開始就請一個專業的教練，只要一小時和一點錢，也許我早就能夠在黑鑽石滑雪道暢遊了。（北美的滑雪道以顏色分等級，從簡單到困難的顏色代表分別為綠、藍、黑，而難度最高的滑雪道通常以一個黑色菱形作為標誌，因此有黑鑽石 Black Diamond 之稱。）

當然，滑雪這個例子可能不是最合適的，畢竟一般人一年可能只能滑雪這麼一次，一次也只有幾個小時，因為滑雪的目的通常是玩耍和享樂，不會特別需要鑽研這項技術。但如果這是一項你未來會越來越常使用到，也有意想要將它訓練得更加專業，那向有經驗的人學習肯定是最有效的方式。

如果你仔細思考，你會發現世界級的球員、象棋選手、鋼琴家都有導師或教練，到底是因為他們是職業級選手，才需要有一個專業教練？還是就是因為他們持續擁有一個導師並且不斷地進修，才成為了世界

級的代表？無論如何，這些專業人員都是以「對待職業」的態度來對待自己的專業技能，如果你能夠用同等的態度對待自己的熱情，就算你以往從來沒有接觸過相關技術透過不斷地請教和持續學習，你在三到五年內，絕對能夠站在與現在更不一樣的位置。

二、設計學習計畫

你有沒有一種經驗是，小時候在體育課測試 800 公尺（操場四圈）的跑步項目，雖然已經筋疲力盡，但是看到自己離終點線越來越近，好像又能推自己一把做最後衝刺，抵達終點線。其實我們做每一件事情，如果能看得見「目標」，是更容易堅持下去的，舉凡上面提到女明星布萊絲與冰塊融化的案例，就是因為知道「64 次」或「華氏 32 度」這個依據，才能感受到自己是離目標越來越近，而不是遙遙無期的，堅持下去的意願也會提高。

因此，當你想要進行一個比較長期的項目（如建立個人品牌、創業、技能打造）你應該要去諮詢比你「前面」一點的前輩或導師，這樣你可以知道前三個月大概要有什麼樣的進度、至少要達到什麼樣的成績或要以什麼為主要目標，透過完善的學習計畫，你能夠規劃出適當的份量、適當的進度、以及適當的目標，如果這樣的學習計畫能夠具有

挑戰，又不會讓你感到過於挫敗，那就能提高你繼續堅持下去的動力。

例如說，假設你能知道從 60 減到 50 公斤至少要花你六個月，你就不會在經過三個月後一直覺得「為什麼都還沒達到目標」。很常發生的情況是，我們一股腦兒的設定高過本身條件的目標，例如一月的第一個禮拜，你因為新年新希望而開始每週運動五天，可是你如果以前從來都沒有運動的習慣，那這樣的目標設定很有可能只會讓你三分鐘熱度，過了兩個月，又會回到原點，而技能累積絕對是需要一定的堅持，才能轉換成價值使他人願意買單。

因此，在設計學習計畫上，我建議你要去尋找有根據的時間軸或有參考依據的數據，找到能夠讓你參考、分配和規劃的輔助工具。

除此之外，我也建議你在學習上給予自己不同方案的選項，並依照難易度與當天的狀態去做不同的設計。我們以運動為例，也許 A 方案是重訓＋有氧，總共一小時；B 方案是慢跑半小時，C 方案是健走 20 分鐘。假設某天你加班到非常晚，你可以選擇最簡單的 C 運動方案，如果某個週日你感到神清氣爽，那就可以選擇 A 方案。在訂製學習計畫上，最容易犯的錯誤就是把學習計畫訂得強度太強、太死，我們每一天都沒有辦法去預測當天的身心靈狀況，適時給予自己的學習計畫一些彈性，不只能夠配合你當天能夠負荷的力道，也能夠進一步的推

使自己，當然也就比較沒有放棄的理由啦。

三、選擇合適的環境或創造環境

為什麼把小孩送到美國學校，孩子的英語便更可能在短時間內有大幅度的進步？答案就是環境，而環境其實正是意味著「使用的密集度」。

在亞洲的教育環境中，絕大部分的家長都有將孩子送去補英文的習慣，然而，你會發現你可能補了一輩子的英語，遇到外國人還是有點怕怕的，這絕對不是因為你的英文老師教不好，也不是因為你不用功，而是你使用英語的密度和強度都不夠。

假設一個孩子一個禮拜補兩次英文，一次一小時，回家之後再做作業一小時，然後其它時間皆使用中文或台語，那他一週充其量使用英文的時間只有四到五小時，但是當你進入外語學校，你使用英文的密度就被迫從一周四小時，變成一天超過六小時，光是這樣的強度，就能夠迫使你有一定程度的成長。

因此，無論想要學什麼或磨練什麼樣的技能，除了請一個教練之外，更重要的加速方式就是把自己放到合適的環境，或是自行創造密集度

更高的環境，包括加入相關的集訓營、參與團體聚會、撰寫學習心得等，逼迫自己使用這項技能的強度和密度都足夠，這樣一來，你的技能當然能更快上軌道，更快開始提供價值，販賣專業。

所謂「學會失敗」其實指的是學會面對一定會碰到的關卡及應變的方式。無論你是嘗試什麼項目或累積什麼技能，我們一定會碰上心裡的自我懷疑與現實中的挑戰，而我認為，與其迴避這些挑戰，不如雙眼直視並展開雙臂的擁抱它。在我個人的經驗中，我也發現這個過程與「越浪」很相似。越浪是衝浪時的一個小技巧，當我們把自己放在衝浪板上並且往更遠的海域前進時，眼睛就必須直盯著一波一波的浪花，並且清楚地知道什麼時候海浪會撞擊你的衝浪板，將你的衝浪板往下壓做出越過海浪的動作，與海浪正面交鋒並且一波一波的越過潺潺不息的浪花，如果我們不正視眼前的海浪，很可能就會在一個不小心的情況下被滅頂，或者衝浪板歪掉而整個翻船。這些體驗雖然是有衝過浪的人才能稍微聽懂的，但無論如何，海浪來的時候，絕對不要背對它，我們要看著它、迎接它、越過它甚至是乘著它，這也許不是個最貼近你的案例，但有機會的話可以去學學看衝浪，你便能體會到迎向挑戰究竟是什麼感覺。

Chapter 04

讓市場看見你的價值，開始變現

對待你的最小可行產品，要用「優化思維」來提升它的質量，因為持續追求更好，你會需要更多的專業與經驗來優化商品，因此你個人的成就不斷地向上成長，而當你的產品有更多的發展空間，它的變現空間也可以持續擴張，讓你的獲利不會像一灘死水，而是一直能有向上成長的幅度。

#4-1

主動出擊是
提早變現的關鍵

看到這邊你可能在想：「等到我把熱愛的事物訓練成專業，已經要花上許多時間了，這時賺到的錢，又能夠有多少呢？」

在這裡，我要和你分享一位女孩莉莉的故事。莉莉的背景是國際貿易，她沒有任何與寵物照護、醫療或美容的相關訓練，但她從小就覺得自己「聽得懂」貓貓狗狗在說些什麼，也因為熱愛動物，一直都有在養寵物的她，平時就喜歡幫自己的寵物做美容打扮，如果朋友有事，她也總是自告奮勇地將朋友的寵物帶回家照顧，因此開始有了創業的念頭。

但讓莉莉最困擾的地方，就是如何突破專業瓶頸，讓客戶真的願意和這位「沒受過專業訓練」的寵物照護師做生意。經過了一年多的嘗

試，莉莉開始接到一些朋友甚至是陌生客戶的邀請，漸漸的，她的事業越做越成功，現在的她做著一份有錢有愛又有意義的工作。莉莉在這個過程中到底做了哪些事情呢？我將它分為以下五個步驟。

一、用紀錄的心態來累積作品

莉莉在最一開始的時候，架設了一個簡單的部落格，並且定期在上面分享與寵物美容、寵物溝通的心得，除此之外，她也會記錄她看的寵物訓練、美容或溝通書籍，分析裡面所教的技巧和實際測試的結果，當然，她也有在業餘時間參加線上與線下的相關課程，光是記錄她在課程中學到些什麼，就足以吸引有需求的觀眾透過網路搜尋而找到她，她也利用網路上的人脈資源，到處將她的內容做傳播和分享，雖然她的部落格在初期並沒有專業的寵物溝通或美容案例，但是透過這些記錄和心得分享，她正一步步的累積自己的作品以及客戶對她的信任感。

從這個例子中便能發現，你真的不需要專業無敵才能有所謂的「作品」，有時候，觀眾是喜歡看見你的「轉變」，也就是所謂的 Before & After，如果你認真的紀錄你的學習過程，你的技術也一定會有所提升，至於什麼時候才真的是「夠格」了？答案就是有客戶上門時，

就代表你的專業程度和信任度到達了潛在客戶的標準，而這其實就是將熱愛事物變現的入場門票。

二、不要埋頭苦幹，要展開對話

所以我們就是認真的紀錄、認真的學習，然後等待客戶找上我們就好了嗎？我認為在消費選擇如此飽和的時代，光是「認份地做」是不夠的，我們在技能磨練上需要拼命，但是在市場上脫穎而出則需要**主動出擊**。

莉莉除了每週定期紀錄自己的學習過程之外，她也花很多時間去建立人脈，並主動在社團上、活動裡和課程中認識的人展開對話，這些人要不就是有寵物相關的需求，不然就是也想要成為寵物溝通師、美容師等等，透過這些連結與人脈網絡的建立，她也認識越來越多同業和潛在客戶。

當同業的人脈開始建立，她有機會和同業一起合作、交流，例如上其他人的 Youtube 一起做影片，或者是訪問某位同業寵物溝通師並且製作成人物訪談的文章，放到部落格裡累積觀看和流量，她也有機會和同業一起學習、一起交換流量，提高自己的能見度。

三、觀察並記錄你的潛在客戶

當莉莉開始累積了一些潛在客戶之後，她便將這些 Data 做詳盡記錄，花時間觀察並且分析客戶需求。例如她會記下來：「王小姐養的是一隻公的約克夏，叫做恩寶，今年五歲，沒有任何病例，但是過動、難管教，每次帶出門都會爆衝；鍾先生養的是一隻撿來的流浪母貓 Momo，現年十歲，曾經有過皮膚病但已醫治完畢，生性害羞不親人。」

除了紀錄寵物的資料之外，莉莉也會一併紀錄主人的資料。例如王小姐是一位 28 歲的小資上班族，在台北市的松山區和朋友一起合租房子，每天通勤上班，閒暇時間喜歡和朋友一起野餐、郊遊；鍾先生是一位 33 歲的自由工作者，目前從事網頁設計，住在台北的天母，平常大部分時間在家工作，除非有會議才會騎車到咖啡廳與客戶開會，業餘時間喜歡玩攝影、看電影、邀朋友來家裡打桌遊。

莉莉發現，在前期要是將客戶的資料紀錄得越詳細，客戶對她的好感度、信任度都會提高，莉莉會依照每位客戶不同的生活習慣和需求，提供客戶不一樣的合作方案。

例如，莉莉喜歡在連續假期的前夕與王小姐聯繫，因為她知道王小姐

通常都會與一群好友外出小旅行，有時候王小姐會攜帶恩寶，有時候因為行程限制，帶上恩寶可能會不方便。因此，莉莉總是會主動像朋友一樣的關心王小姐的旅遊行程，並且提議照顧恩寶的需求。有時候，王小姐四天三夜的行程結束後，莉莉還會貼心的將恩寶洗得乾乾淨淨，並將香噴噴的恩寶送回王小姐手裡，王小姐也會對這樣的額外服務感到用心，因此把莉莉的小生意介紹給更多身邊有在養寵物的朋友。

或是，莉莉也會主動提醒鍾先生要帶 Momo 去做身體檢查，雖然莉莉不是動物醫生，她自己的工作室也沒有這項服務，但是透過這樣的貼心提醒，也讓鍾先生感到莉莉是一位可靠且服務無微不至的寵物照護師。

四、再多的調查都不如直接「問」

經過了一段時間的累積，莉莉有了比較穩定的客源，而關於寵物美容、照顧和溝通的各方面技術也提升了不少，莉莉開始在想下一步規模化或創造被動收入的方式，於是她決定朝線下的活動與線上的課程發展，莉莉想了好幾種主題的可能性，但就是不太確定哪一個是最適合且最能夠幫助客戶的點子，在快要想破頭之際，莉莉決定不再猜測

哪一個點子才是最適合的，她開始將這些點子發給客戶，直接從客戶的身上得到最真實的回饋。

莉莉寄了 Email、發了 Line 訊息、也直接與願意電話溝通的客戶約時間做討論，詢問他的客戶：「如果我想要提供一些線下或線上課程的產品，你最需要、最想要了解的主題會是什麼呢？」後來她發現，客戶們的答案其實比她預想中的還清楚很多，許多客戶會直接告訴莉莉：「我想學習怎麼比較有效地跟寵物溝通。」「我還滿想知道怎麼幫寵物剪指甲和修毛的。」「可能是寵物行為吧，想知道寵物的行為要怎麼調整。」

透過這些資料，莉莉發現她的商業點子越來越明確，無論是實體或網路執行，都有了一個大概的雛形，這也讓莉莉領悟到，與其自己調查，都不如直接詢問現有客戶來得快。

五、最好的驗證方式就是「掏出錢包了沒？」

完成了初步的方向定位之後，莉莉決定以「簡易寵物居家美容」作為她第一場實體課程的方向，莉莉開始緊鑼密鼓的籌備相關的項目，包含報名網頁的設計、租場地、選擇日期、設計實體課的內容，以及後

續一系列的規劃，當莉莉忙到這個階段時，她發現實際報名她課程的客戶不如預期的多，她開始思考：「咦？之前訂定主題時，明明有超過 50 位客戶說會對寵物居家美容這個主題感興趣，但為什麼來報名的人只有近 20 位呢？」

莉莉開始思考她是否哪個環節沒有做好，而她發現現實中的許多因素（包含沒有看到課程消息、錯過報名時間、不想花錢、時間擠不出來）等緣由，導致盈利估算錯誤，莉莉在這一次的實體活動中，自行吸收掉一些成本，但是她也從這一次的活動中上了寶貴的一課：「一套商品最好的驗證方式就是客戶的付費行為。」

在第二次的產品設計上，莉莉將產品調整成線上課程的方向，並且設計了「體驗式免費課程」的方案，先用免費的內容吸引更多的潛在客戶，讓這些客人能真實的體驗課程中的內容和上課的感覺，透過這個方式，莉莉線上課程的銷售額也得到大幅提升。

莉莉所使用的經營模式，就是設計思考和商品設計的最簡易流程，不同的是，莉莉在打磨技能的同時也在累積客戶，同一時間，她也不斷地去觀察受眾的需求，一步一步的從一位記錄者成為供給者。

事實上，莉莉的故事正是我開啟「佐編茶水間」Podcast 節目與用自

媒體創業的翻版故事。2018 年，我在只有一些基礎專業與知識的前提下，開啟了自己的音頻節目與網站，一開始，我也不知道自己能提供什麼樣的服務，更不曉得要怎麼帶入流量，讓自己的品牌被看見。但是，因為一份熱情與一股堅持，我很積極的毛遂自薦、主動出擊，我也真的會將所有在社團上追蹤或訂閱我的觀眾一個一個記錄下來，我甚至會主動私訊或主動邀訪觀眾，談論主題上的方向與商業化的點子，透過幾次失敗與不斷地嘗試，逐漸將自己的節目變現，讓自己透過熱愛的事情持續獲利。

而這整個過程大概要花多久？我自己是大約在經營節目半年後才開始獲利，而直到一年才開始「穩定」獲利。而我認為認真的話，的確能在半年到一年內獲得一些成績，大部分則是在一到三年內可以有些成果。一年很久嗎？其實並不然，這樣的速度以創業來說是非常快速的。

當然，前期我們賺到的可能是一點小錢，這些小錢也許暫時沒辦法讓你離職、給你溫飽，但是你的收入一直都是你的價值乘以你的影響力所得到的總和，當你的專業技能越純熟，你的個人價值能夠拉抬得越高，你的影響力越大，表示你的粉絲或客戶越多，也代表來購買你的服務或產品的人有機會越多，因此，它就有點像是複利效應，一開始沒什麼感覺，但是你的雪球會越滾越大，三年之後，你的人生有沒有

機會因此而大轉變？

絕對是有可能的。

$$\boxed{\#4\text{-}2}$$

如何創建
你的第一套 MVP ？

人生中有許多事情都是要在還沒有完全準備好時，就逼迫自己做出反應和行動，這在經營個人品牌和研發獲利模式上，也是一模一樣的道理。

在莉莉的故事中，你可以發現她並沒有花太多時間去「質疑」自己的能力，她總是在自己現有的能力中盡可能地給予最好的價值和服務。當你有 100 元時，你去捐款就只能捐 100 元，而當你的能力到達一萬元時，你自然能夠捐出一萬元的數字。這就是能力的上限，依照不同的能力，能給予的程度當然不盡相同，但是，當我們糾結說：「我就只能給 10 元，根本算不上是什麼，這樣的數字我才不好意思拿出來。」其實是沒有什麼意義的。

價值的交換、給予或幫助，重視的一直都是那個心意，你的 10 元捐款是某些國家人民的一餐，而當你想要利用一件你沒什麼經驗的專業來賺錢，只要抱持著利他的心態來學習，你的付出都能一點一滴地累積成你的能力。

我們非常容易會因為過剩的完美主義而影響自己的判斷與決定，尤其是當你正在做一件不是那麼有把握也不是很擅長的事情時，我們就會將「跨出那一步」的門檻設定得越來越高，你也會發現，你可能永遠都沒有準備好的一天。正是因為如此，我們才更不能埋頭苦幹的打磨自己的技能，相反的，我們必須要「抬頭苦幹」，邊做邊學，從做中學、從「錯」中學，並且邊累積潛在客戶名單和獲利模式點子，去研發你的「MVP」，讓你可以開始變現，或朝變現越來越近。

什麼是 MVP ？它是 Minimum Viable Product 的縮寫，意指「最小可行產品」。簡單來說，最小可行產品的目標是要去「驗證」你的點子，所謂的驗證，就是要去市場上測試你創作出來的產品或服務符不符合市場受眾需求？有沒有解決受眾的問題？以及接下來要調整的方向為何。因此，最小可行產品通常是成本最低、最陽春、最粗糙，但是概念最符合你品牌核心的某樣創作，當第一個點子已經被驗證過後，我們才會去做後續的優化。

在做個人品牌或創建副業時，我最常看到情況有兩個，第一個是不斷地等待，等到覺得自己的人氣、名聲夠旺了，或是等到自己認為自己夠格了，才開始去思考獲利模式的可能性。第二種是在決定要創建自己的產品或服務後，一股腦兒的「認為」你的客戶或觀眾需要什麼，因此埋首設計出一套精美且「像樣」的產品，卻沒有先透過測試的方式來驗證市場水溫，因而花了大把的成本，卻不一定能獲得預期中的收穫。

想要擁有一份有錢有愛又有意義的工作，你有兩種簡單的選擇。第一種是重新認識並定義現在的工作，儘管你是在公司行號擔任朝九晚五的上班族，我們依然可以從認知層面重新愛上你的工作或為這份工作賦予意義，同時展現與提升自己的能力，透過加薪的方式來提升薪資水平；第二種方式就是開拓副業或全職創業來創造一份屬於你且符合有錢、有愛有意義的工作。

如果你選擇第一種，繼續在職場深化自己的技能，那我相信前面三個章節的內容就能讓你知道要如何調整心態、思維，並且讓自己越來越專業，達到你所設定的薪資目標；而如果你選擇第二種，想要來創業、做個人品牌，或者只是想要有第二種收入管道，我們就要用「萊特兄弟造飛機」的精神來對待你要開創的服務與產品。

萊特兄弟從第一次萌生飛行念頭，到著手開始做科學測試其實沒有距離很久，最一開始，兩兄弟先用現有的專業知識製作了手繪草稿，並利用草稿製作成一個箱型的風箏模型來測試相關技術，在無數個嘗試和修正之後，他們便將整個風箏模型的概念「放大」成可以載一個成人的大小，箱型風箏就如同一台滑翔機，而他們也開始用真人做飛行測試。數年之後，他們創建了「飛行者一號」並試飛成功，創造出世界上第一架動力驅動、重於空氣、能夠自由受控並持續飛行的人造航空器。

其實，萊特兄弟正是使用「MVP」的概念來驗證自己的點子，首先是草稿，再來是模型，最後才是真正的成品。在這個過程中，他們不斷突破自己的現有知識量，直到各方面的技術問題都已得到解方。如果萊特兄弟有了點子、有了草稿，但是沒有先製作模型，反而直接做出了成品，不僅會耗損更大量的時間、金錢、人力和材料之外，最終的結果可能也會有紕漏。

你可能在想：「對於造飛機這樣浩大的工程，當然要一步一步來，慢慢地嘗試啊！那在當代是一個不可能的任務，所以研發過程必然要有這麼多道工序，但是這跟我要做個人品牌或創業又有什麼關係？」

有閱讀過與萊特兄弟有關的紀錄都會知道，萊特兄弟倆的個性非常謹

慎，在他們提出諸多假設後，也會花大把時間做實驗來驗證這些假設，而這正是我們在做 MVP 與個人品牌時最重要的一點：「一切都是你的假設，這個假設如果沒有市場的驗證，那頂多就只是自嗨而已。」

「我在現在的工作上得不到成就感，薪水也不高，我想要開創副業來增加收入，什麼樣的主題比較好呢？我要用什麼平台來宣傳自己？我需要自己架設網站嗎？如果我來講甜點與烘焙，有人會想看嗎？我應該用文字記錄？還是用影片呈現？我的觀眾會想看什麼？他們會付錢買我的甜點嗎？」

這是你剛開始打造個人品牌時，內心可能會有的疑慮，當我們對一件事越有企圖心，自然就會想越多。然而，解答到底是什麼？其實沒有人有絕對的答案，所有市面上的書、課程、工具……等，都沒有辦法百分之百地給你保證成果，我們能提供的就只是有經驗者的經驗，以及我們「認為」對你有參考價值的幫助，除此之外，所有的答案都必須靠你自己來摸索。

當然，自嗨並沒有不好，自嗨是一種超能力也是每一個人都需要學會的技能，如果你想要用自己的熱情來讓生活更多采多姿，那你當然能夠用非常自嗨的形式來經營、紀錄與創作自己的熱情，但是，如果你

希望這件事情除了能讓自己嗨，還可以為社會帶來改變、為客戶提供價值，甚至為你帶來收入，那我們就必須要驗證自己內心的假設，儘早離開疑惑和不確定的狀態，找出更合適的應對方式。

例如說：你也許認為自己用 Youtube 來經營會比用部落格更合適，但是這個假設是真的嗎？也許是，也許不是，沒有人知道，你只能透過行動來驗證和測試並且找到答案，而這個答案或許也沒辦法讓你用一輩子，市場會變、客戶會變、你也會變，當我們出現新的困惑或有新的點子時，我們一樣只能真的捲起褲管來測試水溫，你才能夠有下一步的方向。

所以當你開始磨練自己的技能時，什麼時候才是最成熟的時機來販售你的專業？這個答案沒人知道，但是，你隨時都能夠為自己「做假設」，而當你有了假設要到市場驗證時，**任何時候都是好時候**。

你可能在想，那我要怎麼知道這些假設能夠成為我的最小可行產品？如果只是一些非常零散的點子也可以嗎？完全沒有行銷經驗或產品經驗也沒關係嗎？我認為，在第一次的 MVP 創作時，做出來的服務無論多簡陋都沒有關係，重點是要符合以下三個條件：

一、能解決問題

二、有商機、能賺錢

三、可以被優化

首先，去了解你的產品或服務的核心，到底是要解決什麼樣的問題？而這個問題被解決了沒有？

我們以吉他教學為例，品牌的核心問題就是要解決觀眾對於學吉他的疑難雜症，儘管你現階段的程度只是入門學者，因此你只能教基本旋律和技法，但是核心而言，你依然解決了「學吉他的疑難雜症」這個問題，只是你的受眾目前的等級是初學者階級，不代表這就不夠格成為一套產品，重點還是你當初所設定的核心問題是否有被解決，如果有，那它便足以成為 MVP。

第二，我們要確定這套產品到底有沒有市場商機，有沒有辦法賺錢？你可以將你的「吉他基本旋律與指法」課製作成一本電子書、一堂線上課程，你也可以直接舉辦實體課程，測試是否有人願意購買。

這就是為什麼我們必須在前期就累積粉絲和觀眾，因為這些人會來追蹤你，必定是因為他們對你分享的主題有需求、有興趣，不然就是他們喜歡你的風格或教學方式，而當你要開始販賣自己的產品時，這些人等於就是你能夠投放的觀眾。

如果本身沒有現有受眾，我們也能去一些現成的平台如好學校、Yotta、Udemy、Pressplay 去販售你的線上內容，或是在販售活動、票券的網站去販售你的講座、實體活動。總而言之，無論你是利用自己現成觀眾，還是利用其它平台的受眾，我們要看的就是你的這套最小可行產品到底有沒有轉換。

那麼，如果沒有轉換，一個人都沒買，又該怎麼辦呢？從商業思維的角度來看，如果一個點子沒有市場、沒有需求，通常我們就不會去做，因為一般的企業除非有遠大的抱負和願景，不然不會去淌一個沒有市場、沒有需求的生意渾水。但反過來說，如果你一樣有一些遠大的抱負和滿腔的熱情，我建議也不要這麼早放棄，你可以思考一下你的產品有哪些可以修改的地方，尤其是銷售流程的部分，是你找錯觀眾？還是你的課程介紹不清不楚？或是你沒有大力推銷，因此根本沒有人看到呢？

一開始在做最小可行產品驗證時，如果成效不彰，我們往往都是先責備自己的產品設計或自己的專業能力，然而，在經營個人品牌的這幾年經驗中，我發現許多學生都有能力設計出非常有核心價值或很具吸引力的產品，但卻忽略了行銷流程的設計。有時候，出差錯的不是你，而是你販售的方式。因此，第一次的嘗試不要太氣餒，我們可以一個環節、一個環節的檢視可以調整的項目，畢竟這就是測試的目的。

看到這裡你可能在想：「雖然是有人買，但是只有三個人，這樣算是好的產品嗎？」我認為，尤其是以個人品牌為主的產品，只要有一個人買，就會有十個人買；只要有十個人，就會有一百個人買，因此，這個部分的關卡是你的能見度與流量，但是第一關「到底有沒有需求」，只要有人買，代表已經過關。

當然，你的主題會攸關到市場 Size，以服飾為例，10 個人裡面，有 10 個人會有買衣服、裝扮自己的需求，但是 10 個人裡面，或許就只有 1 個人會有 Cosplay 和變裝的需求，因此，賣衣服本身就是一個大市場，但看你賣什麼衣服，你的市場大小會有所改變。不過我相信會來看這本書的你，可能都是個人想展開副業或離職創業，因此，如果你不是以成為下一個蘋果或亞馬遜這樣的初衷來打造自己熱愛的工作，我認為儘管是小眾市場，也夠你賺飽飽，所以不用太擔心。

最後，我們必須要檢視你的最小可行產品是否有可以優化的空間，尤其是內容本質上。如果你講行銷流程、講外包裝、講客戶服務，我們「永遠」都能夠找到可以優化的地方，但是你的服務或商品本身是否有天花板？這就是我們要去關注的部分。

假設你是一位影片剪輯的專家，你開始在網路上教一些高階的剪輯技巧，最後推出了一套線上課程，因為專業和技能的深度都到位，所以

一下子就有了不錯的銷售量，但你很有可能會發現這一波熱潮退去之後，你的這套產品便沒有繼續為你賺錢，而可以「變得更難、增加功能」的空間也不多，因此你便需要再一次設計另一套最小可行產品。

因此，我們可以檢視一下，你推出的這套最小可行產品在功能上或內容上可以優化的空間多不多？並不是說推出新品或有很多產品是不好的事情，但是如果你要做個人品牌，我相信現階段的你在時間和資金的成本上是有限的，最小可行產品一直都是一項實驗，實驗可能成功，也可能失敗，測試失敗雖然會讓你學到許多寶貴經驗，但是測試時花用的時間和金錢是回不來的。

所以，如果能夠測試一套最小可行產品，並在測試成功之後不斷優化，對於此狀態的我們是成本最低但投報價值最高的一種選擇，這樣你就不用不斷研發、開創新產品，然後花時間去測試市場反應。當然，最理想的情況是賣消耗品，並且確保你的客戶能夠一而再、再而三的回購，不過如果你的最小可行產品，能夠符合以上三點：解決需求、確定市場反應、有足夠的優化空間，我相信就是一個非常棒的開始。

想要讓市場看見你的價值並開始靠自己的能力變現，的確是一場漫長的修練與測試，但是，如同自信累積，我們若能從 Baby step 一步

一步的驗證並穩紮穩打的進攻市場，不僅能讓我們感覺更加踏實、做出更符合客戶心儀的產品，也能夠避免我們花了時間與金錢後卻重摔的可能性。另外，我也想要特別提醒每一位想要創業或想要開啟個人品牌的你，不要害怕被批評指教，這些都是讓我們成長的養分。說到底，我們身邊的親朋好友或客戶都是因為有使用過你設計的產品，且期待這個產品可以更好，才會願意分享他們的觀點給你，或許，這些觀點並不動聽，或許，這些評價並沒有參考價值，但這就是強化心臟的一項訓練，重點並不是這些人到底說了什麼，重點是你是否真的能從這個過程中，優化自己的 MVP。

#4-3

比完美更重要的 是進步

在漫威電影中，黑豹（Black Panther）的妹妹舒莉（Shuri）曾說：
「Just because something works doesn't mean it can't be improved.」
這樣的精神，正是我們在經營個人品牌，甚至是經營人生時必要的價
值觀之一。

就算一件事進行得很順利，不代表這件事就沒有改善的空間；當我們
僅追求「完美」，我們便失去持續變得更好的思維。完美是一種固定
的狀態，一種完成了、天下無敵了、無可挑惕的狀態。但事實是，人
是流動的，而世界也是，我們日益更新、我們汰舊換新，就是不斷將
生活周遭的一切更符合當下狀態的需求。你會改變，因此你並沒有一
個完美固定的狀態，而當你改變時，你的行為也受到了改變，你的行
為一改變，你所使用的商品、服務都開始有了改變的空間。

而對待你的最小可行產品，要用「優化思維」來提升它的質量，因為持續追求更好，你會需要更多的專業與經驗來優化商品，因此你個人的成就不斷地向上成長，而當你的產品有更多的發展空間，它的變現空間也可以持續擴張，讓你的獲利不會像一灘死水，而是一直能有向上成長的幅度。而說到商品的優化，Apple 蘋果的 iPhone 就是一個很好的例子。

在 2007 年，蘋果推出了第一代的 iPhone 手機，隔年七月，它便在全世界正式發行了 iPhone 3G；2009 年，蘋果推出了 iPhone 3GS；而到了 2010 年，蘋果又再度推出了 iPhone 4；2011 年是 iPhone 4S；2012 年 iPhone 5 上架，接下來，蘋果依照這個節奏，每一年都推出一款全新或者是優化版的機型，這樣的行銷模式，也養出了一群「果粉」，每年的新品記者會也是全世界關注的重要大事。

年年更新，年年優化是一種非常聰明的產品策略，尤其當我們是以個人品牌開啟副業時，這將會是一個時間、資金成本都較低的研發形式，除此之外，像 iPhone 這樣的產品策略還有三個很大的優勢：

一：突破產品的壽命

任何產品都是有壽命的，無論是壽命 10 天的牛奶，還是壽命 10 年的電腦，只要是產品，都會有壽命。以手機來說，一支手機一般人可以用 2～5 年，如果手機不更新，大部分的人不會再選擇購買一模一樣的產品，因此對 Apple 而言，它們的銷售曲線也沒有辦法一直維持上攀，頂多是持平一陣子，同一個商品的銷售量就會開始往下降，因此，為了突破一個產品壽命的極限，我們就是要去更新的服務或產品內容，重新包裝它，讓它可以以更高的價格或者更好的機能帶給消費者。

例如某些保養品會出第二代、第三代的同系列商品；某些書籍會重新增修，製作新版的內容調整；某些線上課程會增加課內的內容，並且調高整體課程的單價等，這些做法都是為了在不需要從頭開發一套新產品的情況下，突破產品壽命的方法。

二：從零開發的成本降低

以上述的案例為例，重新開發一套產品的成本是非常高的，我們首先要先通過「最小可行產品」的三個驗證法則，接下來則要做好行銷設

計，才能確保後續真的有賺錢，但是以 iPhone 來說，他們便選擇不去從頭開發產品，反而每年利用一樣的模型，去針對現有產品的市場反應來做優化，這些優化可能是螢幕上、耳機上、相機上等優化，這些都比他們重新去開發一套全新的手機更省成本。

雖然許多人反應 Apple 這種做法是換湯不換藥，把舊的素材拿來拼湊，並稱它為「新品」就拿來販售，但就銷售成績和公司成長率來看，這間公司目前依然處於蒸蒸日上的狀態。而就我個人的觀察，iPhone 雖然每年推出新機，但是大改版通常是每兩年一次，例如他們的 S 系列，機能上多不會有過大幅度的改變，算是一種回收再利用的產品策略，更別說是相關的周邊配備皆可通用，這也省下再度開發的大筆成本。

因此，依照你提供的產品或服務，你可以思考一下「回收再利用」的方法是否能套用在你的產品上。假設你是一位在分享英文寫作技巧的教練，也許你一開始是透過電子書讓客戶購買並下載，當我們遇到銷售走下坡或產品壽命達極限時，你可以思考用「小改」的方式創造出你的 iPhone S 系列，這樣的小改可能會是改標題、加圖片、編修文案和排版等；或者可以大改，創造你的 iPhone 數字系列，這樣的大改可以是增加新的寫作技巧、增加新的年輕用語或鄉民俚語、增加新的寫作情境（如企業 Email、申請學校等），無論你是選擇小改還是

大改，都比你再去開設一個全新的課程來的更容易，只要你在開創額外收入時越早達到損益兩平，你就越早能開始賺錢，累積財富。

三：打造招牌與明星產品

像 Apple 這樣持續在同一個產品線上不斷優化，還有另一個很棒的連帶優勢，就是能夠打造品牌形象、品牌識別度，並且創造招牌產品。

以一個企業的長遠目標來看，我們都希望能夠做到該產業的前三名，讓人家一講到某一個品項，就馬上能想到你。例如我們講手機，你就會想到 iPhone；講速食店，你會想到麥當勞；講運動鞋，你可能就會想到 Nike，這種品牌識別在個人品牌上也是一樣重要的，如果今天講占星，你第一個想到的應該是唐綺陽老師，那我們講美妝保養，你第一個會想到誰呢？我們講投資理財，你第一個又想到了誰？

由於我們現在談論的是方向較大的主題，所以依照你個人的美感、性別和需求，講美妝和保養，我們每一個人所想到的代表人物皆會有所不同，但你依舊可以發現總會有幾個「熟面孔」是大眾比較耳熟能詳的創作者，這些創作者能夠做到有足夠知名度和識別度，絕對是因為

他們針對某一個特定的主題不斷地耕耘，才會打造出所謂自己的「招牌」。

在打造一個有錢有愛有意義的工作時，我們很常是單打獨鬥的開始，而用這樣的形式來經營你的副業，很容易讓我們把它當成「嗜好」在經營，也因為如此，我們的喜好、風格很可能會因為我們的想法有所改變，因此定位容易變來變去，這就難以讓你的觀眾「一講到什麼，就馬上想到你」。

當然，如果你是經營自己的部落格，你愛怎麼經營就可以怎麼經營，不過，我們此章節的主題是放在提早變現，並且早日打造出你的現金流，那抓緊你的精準定位就非常重要。

以 Apple 來說，他們的定位一向非常鮮明，透過開產同一支線的品牌並不斷優化的策略，也能夠讓現有的客戶有更好的信任感，他們對於先前產品的抱怨、希望改進的地方，也許都有被品牌聽見，這樣的改變也能讓舊客人攜帶更多新客人，對於品牌和產品的忠誠度也會越來越高。

以我自己的品牌為例，佐編茶水間是一個專門分享遠距工作、自我成長與個人品牌經營的 Podcast 節目，我們最主要的商品只有兩個，一

個是教導設計思考與人生規劃的「Dream To Goal」，另一個是教導個人品牌建立與獲利模式的「Brand Your Life」，兩者都曾經用免費課程的形式來測試水溫，兩者都經過最小可行產品的考驗，這兩套課程產品每年都會做一次更新，我們會像是 iPhone 一樣搜集學生的意見與心得，團隊內會開檢討大會，討論出可以調整、改善與優化的方向，並且把這些內容轉化成可以拆解的行動清單，然後一一去修改這些項目，為的就是不卡在「完美了」的固定思維中，持續服務舊有的學生，讓舊學生和我們一起成長學習，並且吸引新的學生，讓社群的力量更鞏固。

因此，未來 Apple 是否會持續推出新的機型，有天甚至推出了 iPhone 100？也許真的有可能，如果一樣產品的優化空間無上限，那它真的就是一個超級成功的 MVP，而你是否也能打造出一個能不被淘汰的服務？這會是未來社會和產業結構的一大趨勢，在未來的常態中，每一個人可能同時都會有三到五種基本收入來源，這些收入來源可以互相有關聯，也可以完全不同的產業別，重點還是回到你要知道自己想做什麼、對什麼事情感興趣、並且願意付出努力、花時間學習，同時也要鍛鍊自己的商業思維和行銷能力，學習把優秀當成一種習慣，成功自然就會靠近你。

#4-4

突破最小可行
產品的障礙

雖然講了獲利模式的建立與最小可行產品的創建方式，但你依然會發現，找到有熱情的品牌主題之後，最難突破的就是獲利模式的「點子發想」，究竟要做什麼產品？究竟要提供什麼服務？是我們最容易感到挫折且無助的關卡。當然，如果你已經花時間經營內容並建立了觀眾與流量，你很可能會從客戶的身上嗅出一些共同痛點或需求，這也許就是個很好的最小可行產品主題；又或者，你會經常收到某些類似的疑問、類似的抱怨，只要有抱怨，就能找到商機。因此，花一些時間觀察受眾、仔細聆聽他們的困擾，絕對有助於啟發獲利模式的點子生成。

但假設你真的經營了副業好一陣子，客戶量和能見度也持續提升，卻遲遲無法成功建立最小可行產品，或者創建了卻無法被市場所接受，

有可能是以下這兩個原因：

一、市場需求與消費習慣

一個產品是否能成功被創建，並被市場接受，除了要看這樣商品是否有超越當代技術的極限以外，也要看你所選擇的受眾、地區、文化是否有這樣的需求與習慣。

以 Podcast 為例，中國與歐美早在 2015 年就將播客的產業發展蓬勃，最主要的原因，就是人們的生活習慣與台灣有極大的不同，國外的通勤時間比台灣長上三到五倍，聽覺閒置的時間也更多，因此，這樣的行為模式促使了 Podcast 的發展，也讓這種新型的媒體形勢越來越純熟。

台灣的 Podcast 產業在幾年前一直不算是個主流的載體，主要是因為台灣人尚未建立這種收聽的習慣，而習慣之所以沒有被建立，除了通勤時間短以外，也因為這個市場並不蓬勃，節目的選擇並不多，收聽的方式不便利，所以一直只偏限於小眾市場，新的市場沒有辦法被大力開發。

但是，人類的消費行為和市場需求有沒有辦法被改變？當然有，我們看 Podcast 的產業便可知曉，從 2019 開始，因為參與創作的人越多，代表節目的多元選擇性越多，也因為一些企業看見了趨勢和商機，開始研發用戶友善的平台，讓收聽更加便利，因此 2020 年可說是台灣的 Podcast 元年，播客產業開始嶄露頭角，也正朝主流媒體的形式邁進。

很多人會覺得自己感興趣的主題太飽和，競爭太過激烈，因此想要選擇一些比較非主流、比較新穎的主題，但是，大眾其實就是個大市場，小眾就是小市場，這兩個市場依照你的需求和策略都各有優缺點，如果你選擇一個現階段市場需求比較低的主題，你在前期的建造會比較吃力，有可能是因為這個概念「太新」，你需要花時間教育你的觀眾，需要讓觀眾對這個概念的認知更加普及（如同台灣的 Podcast），又或者是這個主題雖然一直都存在，但因為這個地區的社會人文價值觀取向，而一直以非主流的形勢所存在（如同台灣的 Cosplay），無論是大眾或小眾市場，最重要的還是選擇一個「你感興趣的市場」，因為怎麼選，都有它很難的地方，倒不如選一個自己比較喜歡的，做起來也比較有感覺。

我一直都相信只要有意願、有信念，什麼都好克服，但如果你在前期一直卡在獲利模式，有可能是因為這個主題的需求不大。需求不大，

便表示資料搜集不易，如果沒有辦法得到足夠的受眾 Data，沒有辦法抓出客戶痛點，那在獲利模式的建造上，確實就要花比較多的力氣，也要比較有耐心。

二、個人技術和資源的缺乏

除了市場需求的影響之外，我們也很有可能是因為個人技術和資源的缺乏，導致一直無法建立自己的產品或服務開始賺錢。

最常見的資源缺乏有兩種，第一種是資金，第二種是時間。

以上班族來說，如果只有公司這筆收入，可能會讓你難以有多餘的金源來輔助自己打造另一份事業，如果有資金，我們將網站設計、影片剪輯、社群經營都外包給他人，就能省下大筆時間，這也是為什麼成本控管在全職創業、兼職副業上都是如此重要，擁有好的成本控管壓低你的開銷，就比較不會有壓力，做起來也比較開心。

如果我們經常擔心資金，甚至因為「想快速賺錢」而去借貸，絕對不是我秉持的原則，我相信，我們能在不影響到生活品質的前提之下，創造一份你喜歡又有錢賺的事業。如果這份事業一直影響到你的私生

活，那你自然不會也不想要堅持下去，創造產品、服務，持續經營的機率也會大幅降低。

再來是時間上的缺乏，我們大部分的時間皆是被學校、工作、家庭這三樣元素給占據，如果你的時間都被綁著，那能分配給投資自我的比例就相對地減少，做內容行銷、研究受眾、客戶開發的時間也都會變少，這當然就會影響到你獲利模式建造的速度。

最好的做法，其實就是認真落實時間管理，市面上教時間管理的書籍和課程非常多，而我認為最實在的做法，就是「不必要的事情做少一點，必要的事情做快一點」這樣便能讓你更有效的運用時間，將效益最大化。

當然，這其中會攸關到釐清自己的時間怎麼用、用在哪裡，哪些是不必要的事？哪些是重要的事？怎麼讓自己做快一點不要分心？怎麼讓自己不要拖延？通過這些個人效能的訓練，便有機會拿回「時間」這項資源。

現在，我們將主軸拉回你的品牌變現上，如果你發現自己一直無法建立最小可行產品，或者最小可行產品一直獲利失敗，我們會需要思考幾個問題與其調整方式：

1 你選擇的主題

2 你的市場定位

3 你的專業技術

4 你的資源運用

1. 你選擇的主題

我真心認為，只要是你熱愛的主題，就是好主題，只要不犯法或不侵犯到他人，任何題材都是值得開發的題材。問題是，如果你非常熱愛一份工作，但它始終如同非營利產業一樣無法帶給你穩定的金流，那我們就得開始去思考這個主題的彈性與延伸方向。

舉例來說，如果你是一個極簡主義者，你分享自己的生活價值觀與極簡風格，有了一定的追蹤人數，也開始累積起流量，但你一直覺得極簡主義者不適合鼓勵消費，如果在自己的頻道上不斷地販售商品也會與你的主題核心產生衝突，因此不太知道要用什麼樣的切入點去打造最小可行產品該怎麼辦？

遇到這樣的狀況，我們可以變相思考，也許你不是在鼓勵消費主義，而是如何「有意識地選擇性消費」，那針對你推廣的產品，你也許也可以有固定的合作廠商，不一定要為了賺大錢而有太多雜七雜八的選

項。有時候，客戶要的只是一項精選商品，又或者，你販售的不一定要是一種商品，而是一種技能，例如斷捨離的技能、選物的技能、打扮出適合自己的簡約風格的穿搭技能、整理居家收納和生活美感的技能，這些都可以是最小可行產品的好點子，也不會與極簡主義有衝突。

那如果本身有熱情的主題在市場上非常的冷門該怎麼辦？其實，冷門不一定等於賺不到錢，冷門的主題有時候其實等於如果大家有需求，就只能來找你！例如說，我以前住在洛杉磯時都會特別挑選熟悉亞洲客人的美容美髮店去做服務。在國外住上幾年，我真的發現外國人在處理頭髮、美甲、睫毛、按摩 Spa 類的習慣與台灣人有滿大的差異，尤其美國人的毛髮特性與亞洲人不太一樣，導致每次我去外國人開的美容院都不太滿意，後來，我總是會特別找台灣人或亞洲人開的美髮店剪頭髮，雖然真的比較難找，通常距離城市可能也要開車 30 分鐘到一小時，但這樣小眾的服務也正是針對有特別需求的客戶而存在的。

因此，題材小眾、冷門絕對不是問題，只要你對這份工作有足夠的愛，你自然會吸引到和你一樣有特殊興趣或特別需求的觀眾成為你的死忠客戶，持續往精緻服務的方向邁進。

2. 你的市場定位

通常，選出一個明確主題之後，我們的市場定位也差不多成形了一半，而你選擇的敘事方式與呈現的方法就會成為你另一種市場定位的關鍵。

以我的品牌為例，也許遠距工作與品牌經營已經是一種滿明確且有市場需求的主題了，但是到底是要以 Instagram 為主？以 Youtube 影片為主？還是以部落格文字為主？就會攸關市場的定位究竟是以小蝦米進入大池塘，還是大鯨魚塞進小池塘裡。

一般而言，我們最希望的就是大鯨魚在小池塘裡，因為你更容易被看見，競爭也比較不激烈，這其實也是當時我選擇以 Podcast 作為主戰場，而非選擇 Youtube 的最主要原因。我不希望在一個太過飽和的平台上做競爭，我寧願試試不怎麼主流的平台，讓它有更多的發展空間。因此，如同上述所提到的，大眾市場或小眾市場皆有它的優勢與劣勢，加入大眾市場或選擇大眾主題，你可以確定這個主題是絕對有商機的，你只要聚焦在個人特色的展現與價值的提供即可；而加入小眾市場或選擇小眾主題，你可以確定你的競爭者絕對比較少，但是你不能確定它是否有足夠商機，你也要花更多的時間在推廣與行銷上，讓大家看見你。因此，到底要怎麼定位，端看你的個性與個人喜好，

市場與商機雖然重要，但你的感覺也很重要。

3. 你的專業技術

在第三個章節，我們已針對專業技術的提升做了補充與講解，當然，技術的提升並不是三五天就能看見成效的，不過如果你已經有相關的知識背景，卻一直無法建立起自己的獲利模式，我們就要看看這個環節出了什麼問題？

最常見的問題有兩個，第一個是你的內容沒有足夠解決觀眾想知道的問題，第二個是你分享的內容實在是太專業了。

我曾經看過自己的學生以旅遊為題材來建立自己的個人品牌，他分享內容非常詳盡，每一篇文章都圖文並茂，但卻一直無法累積受眾，追蹤人數也起不來。後來我們發現，對於觀眾而言，詳細不一定等於專業。在專注力薄弱的現代社會，過多的選擇與過多的資訊反而會讓客戶消化不良，而覺得自己想要知道的問題沒有確實被解決。你一定有一種經驗是你只想要知道某一個非常明確的答案，但查資料查了老半天，發現都是一些點到為止或旁敲側擊的內容，讓你無法確定自己的答案被解決與否，因此，專業技能不一定是非常詳細、非常科學或非常有條理的內容，有時候，它就只是你觀眾需要的內容。

第二個經常發生的情況是分享的內容太專業，卻投放到錯誤的客戶身上。例如說，有一些具有醫學背景的人想要來用個人品牌打造自己的副業，他也許認為分享專業術語或專業知識能夠讓自己顯得更有說服力，然而，如果他所吸引的觀眾都是一般大眾，但這些專業術語可能只有具備醫學背景的同儕才看得懂，對一般人可能是很無感的，或者是這些專業知識也沒有辦法讓觀眾們馬上就有共鳴，只會讓他們感覺像是在看教科書一樣難以咀嚼，這可能也是太過專業會不小心犯的錯誤。知道你的觀眾是誰，用他們的語言去與他們對話才是最專業的做法。

4. 你的資源應用

當我們有了合適的題材、市場定位與合適的專業技術之後，若我們還是無法成功建立自己的最小可行產品，那問題可能就是出在資源運用或資源整合上。

如同上述，這個資源運用可能是金錢、可能是時間，但也可能是內容的應用方式。例如說，你可能是一位在講親子教育的媽媽，而你選擇利用部落格來呈現與這個主題有關的內容，然而，因為時間碎片化，你可能一週只能寫一篇長文章，而你也規定著自己一週要寫一篇文章來固定產出，但長期用這樣的方式來累積受眾，到底是不是最有效的

做法？寫文長文章之後，後續的行銷與推廣是否都沒辦法有效落實？你會需要為了社群媒體再去寫一篇臉書貼文或重寫 IG 貼文嗎？真的要寫這麼多字嗎？

有時候，我們的敘述方式很有可能只是我們一廂情願的選擇，當然，選擇自己感興趣與舒適的內容呈現方式最重要，但是在此之餘，這究竟是否是最有影響力的選擇？我們可以再仔細地思考一下：

- 這件事一定要用這種方式做嗎？
- 這件事一定要我做嗎？
- 有沒有同樣可以達成這件事的更簡化方法？

身為一位設計師，我經常也有一種無謂的設計師堅持，總是認為圖片與視覺一定要很漂亮才搬得上檯面，但在經營個人品牌的這幾年裡，我也意識到這其實只是和自己過意不去的片面堅持，有時候只要幾句簡單文字，甚至是網路上的免費圖片，都能帶出一樣甚至是更好的成效。時間、金錢、內容都是資源的一種，到底要如何整合、如何有效應用，也是每一個人都該好好學習的課題。

Chapter 05

如何讓變現不只是曇花一現？

網路是一個機會很大、競爭也很大的商場，你的內容夠好，當然會有人主動分享你的內容，但這就有點像是打扮得亮麗美艷去參加舞會，卻一直站在舞池旁邊等待著別人發現。雖然說，依照你的魅力，絕對會有人發現你而開口邀請你跳舞，但這都不如你自己主動邀舞來得快速。

#5-1

打造穩定現金流的
五大要素

對於有錢有愛有意義的工作定義，想必每一個人都認為穩定的收入是
基本標配，如果這個「有錢」只是曇花一現，似乎就不符合我們對於
理想工作的定義了。然而，作為一個正在打造副業的夢想家，究竟要
如何打造一個有熱忱，又能夠持續賺到不錯收入的工作呢？以下有五
個非常重要的品牌概念需要去建立，尤其若是想要以個人品牌、自由
工作室、微型創業等方向進行，這五個要素可說是缺一不可。

一、核心

一間公司企業一定有他們的核心願景與核心技術，核心願景可以是這
間企業深信不疑的理念，通常是希望對社會產生貢獻，或認為世界值

得改變的事情，核心技術可能會像是某一種無可取代的專業或專利，例如可口可樂有自家的產品專利，SK-II 也有其它品牌難以取代的特殊技術，這些元素會成為他們特別的地方，也會成為他們的競爭優勢。

以我們個人而言，核心願景其實就是一、二章一直在強調的事，怎麼找到自己的熱情？什麼是你在乎的事？什麼是你認為值得投入的事？為什麼核心願景這麼重要？有兩個主要原因：

1. 意願推使你堅持

我們無論是在公司上班或是自己當老闆，肯定都有體驗過那種煩悶焦躁的時候，有時候我們會踢到鐵板，有時候事與願違，甚至讓我們想離開，腦中也冒出過「不想幹了」的念頭，那究竟是什麼原因會讓你在排解完負面情緒後，心甘情願的繼續做下去呢？答案就是你的意願。意願是一種意念上的選擇，而什麼事會讓我們就算辛苦，依然心甘情願地做下去？其實就是你的核心價值和你深信不疑的事。

在職場上，最讓我們煩心的原因就是想要離開，卻只能因為現實壓力而心不甘情不願的繼續待在工作崗位，這種不甘心會讓我們感到

不自由、不痛快，最終，人的天性也會開始去尋找解套方法，無論是開始分心，沒有把心思放在工作而開始發展其它事情，或是自動關機，關閉對於「在做討厭的事」的感受，讓自己不去感受，讓自己冷處理，都是因為你的心裡已經沒有意願，而「結束這段關係」其實也只是早晚的事情。

2. 建立定位的基礎輪廓

當你有了自己的核心願景之後，其實你也開始分化出最基本的觀眾或客戶雛形。什麼意思呢？舉例來說，如果你的核心價值是想要分享同志議題，那你所吸引到的觀眾，有絕大部分都是對這個議題感興趣、自己有類似的需求，或身邊的親朋好友有類似的需求，才會激發他們的好奇心；又或者，你對下廚料理特別感興趣，在你的核心願景裡，你也深深相信吃飯皇帝大，好好和心愛的人吃頓飯，就可以感受到理想生活的真諦，你也覺得每個人都應該將飲食看成是一種享受或一種文化，因為這樣的信念，你吸引到的觀眾很可能也是同樣相信「好好吃飯很重要」或是喜歡料理的人，反之，有些人可能天生就不太重吃，現階段也沒有自己下廚的欲望或需求，那他可能就不會被你的核心價值給吸引。

因此，擁有一個核心價值、核心願景，不僅能夠讓你在立足點上更穩健，也可以幫助你在下一步的「定位」更容易上手也更明確。許多人在建立個人品牌時，會不太曉得要怎麼做品牌定位，其實通常都是因為核心不夠清楚，核心先明確，定位才能明確。

接下來我們聊聊核心技術，一間大企業最重要的資產之一就是他們的核心技術，這是一項別人抄不走或者使用要付錢的技術，當然也是這間企業產品最大的賣點之一。

在個人事業經營上，你的核心技能也非常的重要，如果你有一些非常獨特或非常高超的技術，其實你就已經可以去開公司或擁有高薪的職業了，但倘若現階段的我們尚未擁有核心技術怎麼辦？這時候，你的核心願景就格外重要了。

沒有核心技術，我們可以靠第三章所提到的一些技巧來鍛煉和深化自己的專業能力，而擁有一個明確清楚的核心願景，也能夠推使你去成就你的核心技術。我認為，除非你是要以新創公司以上的規模來創業，不然核心技術的程度是可以依照自己當下的等級，做出在自己能力範圍內的內容來經營品牌。

以台灣的 Youtuber 為例，你可以看到現在 Youtube 上面存在著各

式各樣的主題，那些在分享與健身、營養相關的 Youtuber 們，有可能是因為這位 Youtuber 本身就是一位營養師，因此他有所謂的「核心技術」，而有些人可能沒有專業背景，但是透過「核心願景」對養身和健身的熱愛，漸漸摸索出一些觀點和經驗，那縱使他在販售的不是自己的核心技術，他所分享的內容也因為強大的核心願景，而吸引到對這主題有共鳴的觀眾來追蹤他。

因此，打造有錢有愛有意義的工作的第一步，就是釐清自己的核心，你有什麼想完成的事？你有什麼覺得值得推廣的理念？你有什麼特別的核心技術嗎？先訂定出核心，我們才能進行下一步的定位。

二、定位

如果說，核心像是先篩選出觀眾的大略樣貌，那麼定位就像是在過濾掉粗略樣貌，找到精準的定錨點。

假設以一個賣寵物用品的商家來說，當他們訂出核心願景與主題之後，其實他們的輪廓樣貌就已經開始鎖定為有養寵物或想養寵物的顧客，事實上，許多大企業在定位上會直接採用這種基數很大的大眾輪廓，去做到比較大的市場占比，但是，如果你想要走大眾市場，你會

需要一些市場優勢。例如你有大筆的資金可以投入，你有很多的通路管道，或你有認識的商家可以壓低進貨成本，或者你有特別的獨家技術，不然，我們以個人的名義出發，想要從大眾市場打出名堂會相對比較困難，尤其你第一個可能會遇到的問題，就是「市場差異化」，你的寵物用品到底特別在哪？特別可愛？功能特別新穎？還是特別便宜？

因此，在個人品牌的定位上，我們可以把它看成品牌主題的聚焦以及風格設計，假設你要分享與寵物有關的主題，我們可以先將「寵物」本身做一個定位，與其分享任何一種寵物，你可以聚焦在爬蟲類、鼠類、貓、狗、兔，如果選擇以狗狗作為主要的聚焦重點，我們也可以再將其主題做垂直延伸，專門分享柯基犬、黃金獵犬、柴犬等主題，當你能夠將自己的個人品牌主題聚焦，你的主題其實也更加具體。當一個主題越具體，我們的定位當然也就越明確，一個定位清楚的品牌能夠更容易去建立觀眾群，尋找更合適的合作機會，並在該領域建立相關的關鍵字與權威。

而在自媒體當道的時代，風格鮮明也對品牌定位有一定的幫助，例如台灣知名的網路紅人阿翰 po 影片、黃大謙、鍾明軒或是理科太太，都是風格鮮明且讓人記憶點深刻的內容創作者，擁有鮮明風格的好處就是即便分享的主題範圍較廣，也能因為他們本身獨特的風格而

Stand Out，成為另一種品牌形象上的定位。

三、獲利

其實獲利的概念就如同產品，但我認為講產品可能比較狹隘，在這個變化與可塑性如此大的年代，我們可以變現的方式千百種，無論你是要讓內容變現、知識變現、服務變現還是影響力變現，我們都能在品牌經營的過程中，一步一步地打造出自己賺錢的方式。

第三點的獲利是讓熱愛的工作有錢賺的重要關鍵，顧名思義，沒有獲利模式，你就難以用這份事業賺到錢，更別說是賺到很多錢或持續獲利了。然而，許多網紅或自媒體經營者可能會很常忽略到獲利模式的概念，導致擁有了龐大的粉絲基數，卻依然無法離開自己的正職工作，或無法擁有穩定的現金流。

在下一節，我們會更仔細介紹常見的幾種變現模式，不過，要聊獲利模式與變現，我們首要的「前置準備」就是要先搞定前面那兩個：品牌核心與品牌定位。如果沒有品牌核心，我們很難知道到底可以賣什麼？如果沒有品牌定位，我們會難以吸引到精準的受眾，或有準確的資料去研究你的受眾（客戶）到底需要什麼、想要什麼？因此，這五

個要素其實也是打造理想工作的步驟，一個步驟接著一個步驟，我們會比較好去做產品的發想，建立獲利模式也會更有方向。

如果你好奇到底要累積多少潛在客戶，或需要多久的時間，才能夠創造出自己的產品或服務？我會說，不一定，這端看你選擇的主題是什麼，以及你以前是否有相關專業背景。假設你選擇的是個本身比較冷門的主題，它可能相對就會花你比較久的時間，但倘若你已經當了五年的特效剪接師，現在來分享的主題也是特效剪接的相關專業，那你肯定就能比其他人更快找到獲利的方向。

以我自己的例子作為參考，我在有兩年行銷經驗的前提下開始經營自己的個人品牌，花了半年累積了 3000 多個名單。這個速度並不算快，但在那半年內，我非常努力地去觀察受眾樣貌、需求與喜好，並且記錄這些資料，時不時複習並發想產品的點子，因此，花了大約半年的時間，我建立了自己的第一套最小可行產品，從此開始靠個人品牌獲利，從每月幾千元的小金額開始累積，才逐漸走到穩定的六位數月現金流。

因此，信心喊話一下，我認為客戶累積與產品研發，大約能夠在半年至一年內有個著落，只要你持續產出並且有具體明確的品牌核心，相信獲利與變現離你不遙遠！

四、流量

在傳統企業裡，流量就如同通路，以可口可樂為例，當他們每增加一個合作通路（7-11、麥當勞、肯德基……）就等於增加更多流量流入的管道，這些管道其實就是一個與大眾消費者流動的入口，管道越多，流量與銷量自然有機會增加。

可口可樂之所以會有業績、有賺錢，是因為它們這個企業有兩個非常重要的元素，第一：受消費者喜愛的產品，第二：便利且流動率高的管道。

如果，這個可樂產品本身非常普通也不怎麼有特色，那儘管它有非常多的通路，有非常多的方式可以買到這罐可樂，但銷售金額可能還是赤字，因為它並不是一個消費者需要或心儀的產品；反過來說，如果這個可樂產品非常的特別也非常受歡迎，但是非常難買，不在便利商店、不在速食店、不在百貨公司（同時也非常的低調，不對外做任何宣傳與行銷），且只能透過更傳統或更複雜的方式來購買，那一樣會降低消費者的購買慾望，因為購買的流程實在太麻煩了！當然也會降低更多消費者認識這個品牌、產品的機會。

以網路世界來說，流量其實就是有多少人能夠「看見」你，當有越多

人能夠看見你，你的影響力與銷售額通常也會與流量成正比，這些流量管道可能會是你的網站、Instagram、Youtube 或臉書……等，至於流量到底要怎麼來？我們就用可口可樂的邏輯開始思考。

可口可樂擁有受消費者喜歡的產品，這是驅使他們購買的動機，因此，把這個要素放回我們身上，我們就是要開始先建立產品，才能為自己的品牌帶入新的流量。

你可能在想：「但是我才剛開始……我連一個觀眾都沒有，我又要怎麼先從產品開始呢？」其實，這裡指的產品，不一定是有變現的商業模式，而是所謂的「內容」。你的作品、你的內容也可以是產品的其中一種形式，它只是一種「免費」的產品，但它依然是一種產品、一種資產。

我們一樣要用對待產品的思維來對待你的每一則內容，這些內容會是一種作品的累積，它能訴說你的形象、你的理念、你的專業與你所提供的價值，其實，內容本身就有獲利的潛能（例如打賞機制就是免費內容獲利的方式）。但記住，可樂受歡迎，是因為它好喝或有更多延伸用途，你的產品、你的內容一定也要是建立在「優質」的前提下，才能帶入新的流量，才能說服更多觀眾青睞你的品牌。

再來，便利且流動率高的管道也是帶動可樂業績的關鍵之一，雖然，我不認為做個人品牌就是每個社群平台都要經營，但是，你一定要有至少一個管道能夠讓讀者、讓消費者找到你，而在個人品牌百家爭鳴的時代，能夠找到你還不夠，最重要的是能夠「很容易地」找到你。

這也是為什麼做好 SEO（Search Engine Optimization 關鍵字優化）與選定品牌核心這麼重要。當你選定品牌核心，你就可以開始建立與「發展」屬於你的關鍵字，這些所謂的關鍵字就是為了讓你成為該領域的影響力人士。當有人講到星座，你第一個一定立馬想到唐綺陽老師；當有人聊到風水，你可能也會想到詹惟中老師，建立好專業領域關鍵字，絕對能提升大家看見你、發現你的機會，除此之外，流量的帶動也與行銷息息相關，當你的產品有了、管道也建立好了，行銷在做的，就是讓觀眾從「有機會能找到你」變成「輕而易舉地認識你」。

因此，回到流量身上，管道的建立會因為你的品牌核心與品牌定位，有不同的選擇。例如某些主題本身就比較適合以影片呈現，某些主題則比較需要用文字說明，依照你所選定的主題，我們可以再去發展適合你的敘事形式，最常見的就是文字、影像、圖文、聲音、影音，而根據敘事的形式，我們可以選擇適合你與你受眾的平台，作為你的主要管道。

而說到管道，到底是不是越多越好呢？如果每一個 Social Media 都有經營的話，不就等於有更多的機會可以讓消費者看見嗎？在我的經驗裡，我其實不建議一次經營太多社群平台，主要的原因是我們每一個人的時間都是有限的，在經營初期，你可能也是一個人來搞副業經營，每一個社群平台的調性、屬性皆有不同，在資源有限的情況下，一次經營太多平台可能會使你像八爪章魚，不只身心俱疲，成效可能也因為分散受眾而不顯著。

經營個人品牌的前三個月，其實是個非常重要的黃金 90 天，在這九十天內，我們很容易因為品牌沒成長、無法兼顧生活、沒有方向等原因而受到打擊，這九十天是我研究過最容易放棄的時間段，熬過九十天，你便會更有信心且更有意願的堅持下去，尤其如果當你開始有累積內容、累積流量、累積觀眾之後，你想要放棄的念頭，就不會那麼強烈了。

因此我認為，多元管道的確能夠幫助流量的流動，但是，先鎖定一個管道，把這個管道建立成你的主戰場，未來若要去開發其它的 Social Media 也不遲。最怕的就是在沒有內容、沒有產品的前提下，就想要開拓管道，如果管道很多，但是客戶到了這間店面（網站、IG、Youtube）之後，裡面什麼商品都沒有，那開再多間店也沒什麼用。所以，回歸正題，內容為王，內容真的真的很重要，先用免費內容把

管道建立起來,讓你的店面漂漂亮亮且陳列出精美實用的產品與內容,不怕一間店爆滿,只怕多間空殼,耗費你額外的能量與資源。

五、行銷

上一點提到,行銷與流量的關係密不可分,行銷的角色一直都是在幫流量推一把,去做到加成、爆炸等曝光效應。當然,行銷的目的有非常多種,不一定都是為了以賺錢為主,有時候我們在行銷上的目標可能會是讓更多人對這個品牌有好感(他不一定會購買你的產品,但至少可以讓他先喜歡這個品牌),有時候,行銷的目的是為了讓你的客戶增加對你的互動度與黏著度,讓他對你的產品更死忠、更有信任感,那當他有需要購買該類別的產品時,他第一個就能想到你。

因此,行銷會因為目的的不同,而有不一樣的呈現方式,但是老話一句,品牌的核心要先清晰、定位要明確、要有優質內容、也要有容易聯繫的管道,才能夠達成行銷的目的,不然我們就可能會發生「不知道在為了什麼打廣告?」的窘境。

前世紀奧美公關創辦人丁菱娟是我非常崇拜的一位前輩,在她的《影響有影響力的人》著作中,提到了公關操作的四種方式 PESO,我非

常幸運能夠在佐編茶水間的 Podcast 節目上訪問丁老師，當時聊到這個 PESO 法則，我就非常有感的發現這套法則不只能用在大企業的公關媒體操作上，就連個人品牌與副業經營也能套用丁老師的這套方法來操作，其分別是：

● Paid Media 付費媒體
● Earn Media 贏得媒體
● Share Media 分享媒體
● Own Media 自有媒體

假設我們是以一人公司或自媒體的模式來打造你的事業，這四個帶流量的行銷方式倒著講會比較貼近我們的案例。

Own Media 自有媒體

以 O（Own Media）自有媒體來說，它通常指的是你的親朋好友，以及因為內容所帶來的自來客，這些自來客（自己主動找到你且開始追蹤你）的客群，通常是本身就對你在分享的內容有需求、感興趣，或者欣賞你的個人風格與價值理念，這類型的觀眾通常是你最忠實的客戶，而如何利用 O 這樣的行銷方式來累積更多觀眾？聰明的你一定猜到了，沒錯！就是做好優質內容！

做出優質內容其實也有許多可以深入學習的技能，例如多利用趨勢話題做文章、圖片視覺設計更加美觀、文字內容辭趣翩翩妙語如珠、直播活潑生動娛樂效果十足，或者認真的與觀眾對話，研究觀眾到底喜歡什麼、想看什麼，都能夠讓你的內容更優質。

自有媒體最常見的建立方式，就是觀眾主動地從搜尋引擎上搜尋到你，不過，任何優質的內容都會受到各大平台的青睞，並再次提升你的觸及流量。換個角度想，我們現在所使用的搜尋引擎與社交平台，說到底都是營利組織，營利組織當然希望賺越多錢越好，他們勢必也希望觀眾能待在他的平台上越久越好，使用他的平台的次數是越頻繁越好，因此，這些大平台（IG、Youtube、FB 等）會自動推播「觀眾喜歡、互動率高」的內容，你可以看到 Youtube 的首頁會推薦一些 Youtube 認為你可能會喜歡的影片，Instagram 的探索頁也經常出現一些吸睛的照片影片，至於 Google 更是會因為網站流量與關鍵字精準度，去演算出他認為對你而言最有幫助的搜尋結果。

因此，無論是自己的內容做得令人拍案叫絕，或是研究內容行銷而去優化 hashtag、搜尋排名等技巧，這樣的流量與觀眾累積，都稱之為 Own Media 自有媒體。

Share Media 分享媒體

Share Media 的概念淺顯易懂，只要是由其他人轉發分享而帶動的觸及率與流量，就屬分享媒體的範疇內。什麼樣的內容或產品會讓人想要分享呢？其實就是真的好用好看值得推薦、理念或觀點值得宣揚討論、具有議題性或有梗的話題內容，都是會促使觀眾主動幫你分享的內容類別。

分享媒體絕對是建立在自有媒體之上，當你開始累積好的內容作品，你的觀眾便會成為你的推廣大使，品牌也會像滾雪球一樣倍數成長，觀眾累積的速率也會越來越快。

Share Media 有兩種類別，一種是在網路上突然爆紅的內容，它會在短時間內讓你的內容被大力轉發，算是一種比較暴力的急速流量增長；另一種是由觀眾慢慢分享，再慢慢觸及到這些觀眾連結到的潛在客戶，算是一種細水長流的流量累積法，無論是哪一種，只要不是負面議題，都是非常棒的行銷方式。

Earn Media 贏得媒體

丁菱娟老師說，Earn Media 是所有品牌與企業最喜歡的一種流量來

源，贏得媒體是媒體平台主動報導你的故事、你的產品，不僅有機會免費曝光，因為媒體本身就有龐大的觀眾基數，當一個媒體平台報導或分享你的內容，也會是個流量暴漲的好機會。

什麼樣的內容會讓媒體想要採訪你呢？以個人品牌來說，如果你本身的內容具有話題性，那就是吸引媒體的一個元素。站在媒體的角度想，就如同站在社群平台的角度思考一樣，媒體希望能夠利用你的議題，為他們帶來更多的內容，為他們觸及更多的潛在客戶。因此，如果你的內容主題是觀眾會感興趣，或者與媒體的平台理念相符，那自然有機會讓媒體找上你，贏得媒體也很常是建立在 Own Media 與 Share Media 之上，你得先有好內容，讓內容一傳十、十傳百，讓關鍵人物（記者、小編、主持人……等）在對的時間點遇見你的故事，搓合 Earn Media 的誕生，所謂「機會是給準備好的人」用在贏得媒體再適合不過了！

而我認為講贏得媒體也不一定是只侷限在大型的新聞節目或電視採訪，有時候，只要這個平台本身有一定規模的自有媒體，當它們分享或製作任何關於你的內容，它就可以稱之為贏得媒體，例如我自己的內容曾經受到天下雜誌的分享，或者曾受邀到女人迷的採訪，這些都是贏得媒體的案例。

Paid Media 付費媒體

在有了內容與管道的前提之下，當然可以使用 Paid Media 付費廣告形式來操作，這就像是以前付費登廣告，會登在報紙、看板、車體、傳單上，現在則轉為數位化，多以搜尋引擎和 Social Media 為主，尤其社群媒體的付費廣告而言，通常皆可依照自己的預算做調整，有時候不用砸誇張大錢，也能夠看見一些成效。而依我自己的經驗，我發現雇用一位 Case by Case 的廣告投放手也能有不錯的效益，特別是當你有一些特別的促銷活動，想要大力宣傳時，找一個合適的幫手，真的能讓你事半功倍的達到行銷目的。

最後，我想要特別再添增一個我個人覺得非常有效的行銷方式，我稱它為 Developing media 開發媒體。

Developing media 開發媒體是介於自有媒體、分享媒體與贏得媒體之間的綜合體，開發本身是一個動詞，所以「開發」這個動作，是要由你自己主動去做的。

會創建出「開發媒體」這個名詞，源自於我自己經營初期遇到的瓶頸。當我剛開始經營個人品牌時，我還有一份正職工作，只能用業餘的零碎時間，努力地打造流量，雖然我有內容行銷的經驗，也知道怎

麼寫出所謂 Follower-friendly（粉絲取向）的標題與文章，但是成長的速度就是有夠無敵慢，儘管可以看到有自來客從網路上搜尋到我的節目，也有很熱心的觀眾不斷幫忙分享，但一隻小魚想要在大池塘被看見，我發現「等著流量自己來」是不夠的。

當時的我沒什麼錢，也根本沒有下廣告的預算與經驗，因此，我思考了一下到底要怎麼樣加速現在的行銷方式，便以商業開發（Business Development）的角度思考接下來的行銷策略。

Developing Media 其實就是用 BD 的思維，主動且積極的去拓展業務，例如我會私下請朋友幫我轉發分享內容，我會搜尋有關聯的社團，主動將自己的作品分享到社團上，我也會不厭其煩地去媒體平台投稿自己的內容，甚至會主動寄信去聯繫雜誌官網、媒體官網的窗口，詢問能不能在該平台上分享免費內容，並且不斷地毛遂自薦，勤勞的與其他創作者洽談合作與曝光機會。

那個時候，當然有許多熱臉貼冷屁股的經歷，每個禮拜也都得特地空出 8 ～ 15 個小時，就只專心做「開發機會」這件事，但現在回頭來看，我覺得這是一件非常值得，也應該要做的事。

網路是一個機會很大、競爭也很大的商場，你的內容夠好，當然會有

人主動分享你的內容，但這就有點像是打扮得亮麗美艷去參加舞會，卻一直站在舞池旁邊等待著別人發現，雖然說，依照你的魅力，絕對會有人發現你而開口邀請你跳舞，但這都不如你自己主動邀舞來得快速。而每一個品牌其實都想要擁有贏得媒體的曝光機會，但如果你不主動出擊，這個機會幾乎就是可遇而不可求，很多時候，並不是因為你的品牌不夠好或不夠優秀，只是這些媒體單純「根本不知道你的存在」，所以，毛遂自薦與開發機會，是我們被看見的關鍵之一，與其等著機會降臨，不如創造機會，這是一場與時間的賽跑，越勤奮、越主動、越積極，機會就是你的！

#5-2

三種帶來穩定
金流的變現形式

上一節提到，個人品牌、自媒體可以變現的方式有很多種，最常見的就是內容變現、知識變現、服務變現還有影響力變現，我自己是以線上產品的方式，去打造出我認為有錢有愛又有意義的工作，而獲利模式的建立在各種變現的架構之下，其實也可以分成三大類型：產品、服務、廣告。

一、產品

產品的核心概念是「工具」，這個工具能幫你的客戶完成某些事情，或者讓你的客戶產生某些他想要的感覺。以我的線上課程為例，課程是一個「工具」，幫助學生累積個人品牌打造所需要的知識和技巧；

又或者是拉麵店的拉麵是一個「工具」，幫助消費者達到飽足、享受的感覺。

所以如果你做了某一樣工具，這個工具能夠直接或間接的滿足客戶某些特定需求，這就會是你的「產品」，這個產品與客戶之間的關係是主動的，也就是說，你的客戶要主動的吃拉麵、主動的將線上課程上完，才能夠體驗到這個工具的效益，如果他只是擁有工具而沒有主動使用就無法得到他想得到的結果。

以網路時代和個人品牌來說，我們最常見的產品有線上或線下課程、書（實體或電子）、實際用品、虛擬軟體……等。

當我們在自己有熱情的領域耕耘一陣子之後，你可能會開始認識一些同行、一些競爭對手，你可能也會累積一群自己的觀眾、自己的作品，其實，產品的點子全都來自於市場，也就是說，這些 Idea 光是用想的、猜的，是不會找到答案的，最簡單的方式，其實就是詢問同行、詢問有經驗者、詢問你的觀眾，並且「用心」觀察，你對於產品的點子就會逐漸浮現了。

二、服務

服務的核心概念其實就是「代勞」。這個服務一樣能夠幫你的客戶完成某件事情，或產生某些感受，但客戶可以採被動姿態來達成他想要達成的目的，也就是說，你的客戶可以請你代勞去做一件他不想做、他無法獨自完成做或他做不到的事情，這就是服務的根本核心。

以我的工作為例，我們除了線上課程這個產品之外，也有一對一的教練諮詢，教練諮詢算是一種服務，因為教練是採主動姿態協助客戶去討論品牌上有的疑難雜症；以拉麵店為例，拉麵本身是產品，但拉麵師傅提供的就是一種服務。

我們常見的服務其實各式各樣，例如電話客服、按摩師、刺青師、美髮師、廚師，這種都算是專業服務，或是我自己會定時購買維他命來食用，有一些商家也提供訂閱制的方式，讓你能夠每個月自動在家門前收到新的補克品，因此維他命是種產品，但這樣的訂閱方式也是一種服務。

以個人品牌來說，我們最常見的服務有一對一諮詢、團體諮詢、訂閱制、直播、稿費、設計費、客製化商品……等。

與產品相比，產品跟客戶的關係像是被動：主動（產品是被動物件，客戶不主動使用則無法發揮價值），而服務跟客戶的關係則像是主動：被動（服務供應者要主動提供或操作這項服務，客戶則可以採被動姿態接受服務）。當我們在開發獲利模式時，服務也是一種很直覺（相對也比較簡單）的賺錢方式，如果將服務的概念簡化成代勞，那在客戶服務上，我們就是去詢問客戶需要代勞些什麼（哪些地方需要幫忙、協助……等），就可以從這些痛點開始延伸你能提供與獲利的服務。

三、廣告

再來，我們聊聊比較不一樣的廣告。現在講的並不是製作廣告，而是打廣告這件事本身就可以讓你賺到錢，我認為廣告的核心概念是「推薦」，透過為某一人、事、物說好話或表示正向立場，就是一種最直接的推薦行為。

在以往的年代，一位知名影星可以透過廣告代言來推薦某產品，這位明星的行為其實就是透過推薦站台，來增加廠商的業績，明星本人並不是這項產品的創作者，他只是透過打廣告這個動作來販售自己的知名度與影響力。而在現代，許多大大小小的網路紅人也可以透過業配

或聯盟行銷來賣你的名聲，光是廣告這個動作，就足以讓許多人賺到不錯的收入，而這些網紅可能既非產品的擁有者，也非產品的銷售員（意指不必承擔賣得好不好），當然也不是產品的售後服務員，光單靠販賣影響力為這個商品打廣告就能夠成為一種獲利模式。

以我的例子來說，我們可能會在 Podcast 節目中推薦一些我們喜歡的課程，有時候也會販售網站上的廣告版位；你一定也在網站上或 Youtube 上看過 Google 廣告，這些廣告的概念，就是你販售了一個空間（影片的時間、部落格版面的位置）來讓這些商家打廣告，你在這個過程中，則是提供了你所擁有的流量（如同知名度與影響力），彼此之間也形成了合作關係。

以個人品牌來說，常見的行銷方式有廠商業配、廣告分潤、聯盟行銷、咖啡打賞……等。像廣告這樣的獲利模式，算是起步最容易也最常見的一種賺錢方法，尤其近年來微網紅開始當道，商家開始注意到一些比較小型、與觀眾黏著度比較高的個人品牌，這也讓談成一個業配合作案更加容易，能獲得的佣金也比 Youtube 或 Google 的利潤來得更高。

有了這些對獲利模式的基本認知以後，我們就要來聊聊主動收入與被動收入的建立。但是在開始之前，我們必須先簡單聊一下這裡說的主

動與被動收入的定義為何。

主動收入的定義：要親自做才有錢，做多少賺多少且沒做就無法有收入的獲利模式，我們稱之為主動收入。

被動收入的定義：自己可以透過少於 50% 的親自勞動就能獲取收入的獲利模式，我們稱之為被動收入。

首先我們先來聊聊產品，產品是一種比較容易發展成被動收入的獲利模式，因為科技的發達，讓我們在系統化與自動化操作上都更加容易。如果你在販售消耗品，相信可以透過模板由機器或工廠生產（如果是你要親自操作機器，則不算在被動的範圍內唷），你則只需要負責設計、客服或銷售的流程，做到半被動的收入。另外，產品也多有單品多銷的特質，例如一本書只要寫一遍，就能賣上一萬本，一堂課程賣給一百或一千個學生，成本都是一樣的，就是只要做一遍。

因此，如果你想要創建一個能有被動現金流的理想工作，開發一套屬於你的產品絕對是最能讓你更快接近「穩定獲利」的做法之一，儘管這可能不是你現階段的 Focus，或者你對產品的建立感到很陌生，我依然鼓勵你把「產品」的思維放在心中，隨時去思考和搜集創建產品的可能性。

再來我們來聊聊服務，服務在某種程度上比產品容易的原因，在於我們稍早聊到的獲利模式性質，以服務「代勞」的性質為例，如果你已經可以為其他人代勞某件事，代表你對這件事也相對有經驗，因此操作起來可能也很熟悉。但是以產品「工具」的性質為例，一套工具的生成是為了確保客戶使用後，能達到你想要帶給他的效果，那這套產品在設計上所牽涉到的層面就更廣也更深了，意指你自己知道怎麼用還不夠，你還得讓你的客戶知道怎麼使用。

我們用美髮師來做舉例，有些造型師練就一身好功夫，經常被客人指定服務，這個服務其實就是請設計師代勞幫你剪頭髮，但假設今天這位設計師想要開設線上課程，教學生如何在家自己剪頭髮，那他要準備的，可就不只是剪一顆頭這麼簡單而已，他要準備不同造型、不同髮質、不同情境等課綱，還要講解與示範，才能夠錄製成影片，做出一套產品，因此，雖然產品可以讓你接近被動收入，但它在前期所需的準備絕對比服務或廣告的獲利模式來得高很多。

但是，反過來說，服務類型的獲利模式就難以以被動的收入的形式呈現。服務類的獲利模式通常需要你親自操刀，因為這就是你的賣點之一，大家就是想要指定你幫忙剪頭髮、規劃婚禮、做室內設計，但也因為如此，服務類的獲利模式總是可以更容易地拉抬價格（技術越高超、經驗越老練，服務費也會越高），而產品相較之下則比服務更容

易走向削價競爭。

不過，服務類獲利模式也不是完全不能朝被動收入發展，例如當你有了幫手之後，你就能將訂單發包給小幫手或員工一起來分擔，透過給予幫手相對的報酬，就可以買回你更多的時間自由。例如你可能聽過某些紅牌的舞蹈老師或髮型設計師，最後用自己的名義出來自己開設舞蹈教室或美容院，這些專家當然沒有辦法幫助每一位客戶，他們能做的，就是用自己現有的技術去「傳承」，然後建立團隊。

「傳承」在服務類獲利模式上，是啟動被動收入的最大關鍵，就是因為你比其他人有經驗，做的也比你的客戶好，你才有資格為其他人代勞，但也因為你有更好的技術，你的不可取代性也變高了，雖然你可以索取更高的服務費，但這也意味著，除了你之外，沒有人可以做到你能做到的程度，除了你親力親為之外，很難找到其他被動收入的管道。

雖然我認為不去傳承，就得自己做到死，但傳承與教授在服務的獲利模式上，依然是個選項，不是必須。小的時候，我家附近有一間很受歡迎的水餃店，這個賣水餃的阿伯總是和幾位家人在那邊拼命包水餃，每次經過都大排長龍，不只店面位置一位難求，水餃也是一天只做限定數量，賣完就收攤，要吃到真的很不容易。我時常在撲空飲恨

的時候想著：「為什麼阿伯不展店？為什麼阿伯不聘用多一點幫手？為什麼阿伯已經那麼老了還要自己包水餃？」但是，阿伯永遠面帶笑容，精神飽滿，在他臉上總是能看見容光煥發的滿足感，他也總是很親切的與老客人閒聊道家常。多年以後我才明白，我們在追求的也不一定是大富大貴，而就是和喜歡的人，在喜歡的地方，做喜歡的事情而已，我相信阿伯正是靠著每天做自己喜歡的事情，來建構出自己的理想生活。

有的時候，我們會建立服務類獲利模式，就是因為自己本身很享受於創作的過程，例如你就是喜歡親自做甜點的感覺，你就是喜歡自己一個人安靜做手作的恬適，雖然這些都是主動收入，但如果它變成了被動收入，你也失去了沈浸在其中的熱忱，因此，被動的人生雖然給你很多方便，但同時也變得更無聊了點，身而為人，我們還是喜歡參與其中，也唯有參與其中，才能夠獲得最大的滿足與收穫。

接下來我們聊一聊廣告。廣告有主動收入，也有被動收入。主動的廣告類獲利模式會像是業配或廠商合作，這類型的收入來源是源自於你創作了某樣內容（可能是 IG 圖文、可能寫一篇部落格、可能是做一支影片）來去宣傳廠商的產品，然後得到一筆合作費用，這個合作費用的屬性其實就是稿費或製作費，一定要製作出內容，才可以獲得費用，這就是屬於主動收入的範疇。

至於廣告類的被動收入，會像是 Google、Youtube 廣告，或者是聯盟行銷，這類型的獲利模式會透過你先製作某個網路內容，再透過這個內容不斷帶進新流量，讓這個流量得到相關的累積或轉換。這類的獲利模式與業配的相同之處為都要親自製作好的內容，不同之處則是前者只會有一次性收入（合作費），後者則會因為流量、成交率等因素，帶給你不同且更長遠的佣金累積。

因此，我依然把這樣的獲利模式算在被動收入裡，因為如同創作一套產品，一篇文章你也是寫了一遍，就能帶來無上限的流量與影響力，我個人認為打賞也算在廣告類的範疇內，雖然要親自創作影片或文章，但是這麼做就是在為自己打廣告，如果有人喜歡或欣賞你的內容，也能透過相關管道贊助你，金額也當然是無上限的，非常有被動收入的潛力。

以上便是在開創個人品牌時最常見的幾種獲利模式，你可以依照自己現階段的需求，去開發最適合你的商業模式，這過程中可以自由搭配、可以同時進行，但是，如果真的想要有一份持續穩定的現金流，建議還是要有一到兩種被動收入（就算沒有完全被動，也要有相關的**自動運行機制**），去防止哪天你心情不好想要度假或身體欠佳需要休息，都還是能夠讓金流自動運轉，讓你少點擔憂，多點從容！

#5-3

愛上推銷，
你才能持續獲利

有次，我走在台北的街頭上，遇到一位穿著緊身衣，下身是運動褲配上緊身內搭的男子，他是某間瑜伽會館的 Sales，一走來劈頭就跟我說：「小姐，我能給你一張免費的瑜伽體驗券嗎？只要來體驗就好，我保證不會跟你推銷或賣你東西。」

當時我心想：「如果沒有要賣我東西，你站在這邊拉攏生意又有什麼意義？」同時我也開始思考：「為什麼『不會向我推銷』是一件需要事先提醒且特別澄清的事情？從什麼時候開始，賣東西給潛在客戶變成一件讓人不舒服的事？為什麼大部分的人聽到銷售或推銷就會眉頭一皺，甚至覺得有點排斥呢？這又是什麼原因造成的？」

沒有一項成功的生意不用銷售、不用行銷。許多人其實擁有著滿腔熱

血，也有滿滿的創造力，做出來的工藝品或服務都讓人讚不絕口，卻偏偏對銷售嗤之以鼻，認為不可以用銅臭味玷污自己的熱情，殊不知，這種堅持通常是苦了自己。

我猜想，銷售、推銷或直銷也好，都只是被污名化，我們過往可能都有過一些令人翻白眼的推銷經驗，導致這麼多人對於推銷自己是如此的彆扭，加上台灣以往的教育也都教我們要曖曖內含光，不要太過招搖、太過閃耀，所以我們一直對於展現自己、推薦自己都是那麼的吝嗇，也一直認為這是一件應該要保守、要優雅，或是「只要我夠好，大家自然會知道」的事情。

以直銷為例，許多人一聽到直銷兩個字，就避之唯恐不及，然而，你若想要有一份有錢有愛有意義的工作，就意味著你不只要直接或間接地向大眾銷售你的服務／產品，你更要直接向合夥人、上司、股東推銷你自己／你的 Idea，這些毛遂自薦我認為都是直銷，不一樣的地方可能只有上下線的延伸關係，但以詞彙的定義上來看，這都是直接自我推銷。

許多人也認為推銷只適合「臉皮很厚」或「很外向」的人，因此自動將自己歸類在「不會自我行銷」的類別中，但在殘酷的現實當中，愛哭的孩子就是有比較多糖吃。有的時候，就是因為你不願意綻放芬

芳，蝴蝶才沒有辦法聞到你撲鼻的芳香，這種時候，儘管其他花朵的花蜜沒有你的豐富，但他若願意展現，讓蜜蜂們看見，那他一天下來吸引到的蝴蝶蜜蜂，數量可能就比你還多，然而，我們最終就是希望自己的花蜜能夠被蜜蜂採收，能夠藉由蜜蜂的幫忙開出更多更漂亮的花朵，因此，無論你存有再多、再甜、再鮮美的花蜜，沒有展現、沒有分享出去，都沒有辦法播種、開花、結果，沒有辦法達到我們最初產出花蜜的目的。

你一定聽過「花若盛開，蝴蝶自來」這句話，其實我們不必把推銷想得像是一朵花去對蜜蜂們窮追不捨，你只要願意做到盛開，去展現和釋放你的魅力、你的信念、你的專業、你的熱情就好，至於要怎麼消除對推銷的負面感？我相信就從先分析造成負面感的原因，再依照你本身的性格去做調整或避免即可。

三種讓我們對推銷產生反感的原因：

1. 賣方是由結果驅動

假設某一個人賣你某樣東西，就只是為了拿錢，你一定感覺的出來。無論你是在網路上還是現實生活中，我相信賣你東西的人如果就只是

由結果驅動，不是發自內心的為你著想，也不是真心推薦這樣商品，那買方的意願自然會降低。

我們在被推銷的經驗中，可能也遇過一些很心急或很難纏的推銷員，無論這個人是被業績壓得喘不過氣，還是真的急於脫手手上的物件，都會讓我們馬上感受到他是為了己利，而非他利的出發點來做販售，光是這一點，就會讓我們心裡產生不被重視且被利用等不舒服的感覺，自然也會對被推銷產生反感。

2. 對的產品，錯的人

我偶爾會觀察一些直銷公司的產品，有些公司賣的保健食品或保養品也真的挺好用的，那為什麼好用的東西，還是有這麼多人一聽到名字就排斥呢？我認為，可能是因為這些客人本身就是「錯的人」或「還沒準備好的人」。

在直銷的銷售過程中，最常見的一個誤區就是推銷商品給根本不需要或根本不想要的人，尤其是在客人完全無預警的情況下所作出的推銷行為，就如同為一張毛孔閉鎖且角質過厚的臉蛋敷臉，你的面膜再厲害、再保水，這張臉就是吸收不進去，因為他的毛孔根本沒有打開，

因為他根本沒有想要敷臉的打算。

這時候，無論你給出多少試用品或免費體驗券，都感覺像是在強迫，也容易讓潛在客戶產生反感，因此，我們一定要先確定這個客戶對於品牌來說是一個精準的潛在客戶，同時也確認客戶的意願是否想要了解更多，有了這些基本的確認之後，我們再去聊服務、聊產品，就不會那麼有硬上的感覺。

3. 不實際的放大需求

在行銷的過程中，廠商或多或少都會使用一些話術來增加客戶的購買意願，不過，讓人不舒服的銷售體驗，也很常上演「不實際的洗腦」情節。

這樣的情節可能會是銷售員無限放大你的問題，且不斷地在某些「負面影響」上做文章。當然，我們有一天可能都會成為品牌的創辦人，我們可能也會比任何人都還要更了解自家產品到底能夠如何為全民創造福祉，不過，客戶的現實狀況千奇百怪，有時候，他確實在現階段就是沒有那麼需要這樣產品；有的時候，他所期望的結果是你的產品無法帶給他的，如果我們不管顧客的現實狀況，反而不斷地去放大他

的需求，告訴他如果不購買會有多少損失，都會讓他產生被強迫、被洗腦的感覺。

其實，有時候大方的和客戶說：「我覺得你可以找到其他更適合你的產品。」或是「我相信一年後再來購買，對你的效益是比較高的！」反而會讓對方覺得你更真誠、更可靠，未來他們也可能推薦你給更多人，為你創造更多的商機。

因此，絕對不要因為一些字眼所衍伸的觀感，而去厭惡這件事本身的行為，想要打造你心目中的理想工作，首要條件就是願意展現，願意被看見。那既然聊到推銷令我們反感的原因，我們也可以反向操作，來整理「讓人舒服」的行銷方式。

三種避免反感的推銷方式：

1. 賣方由核心驅動

如果有那種一開口就讓你覺得他只是想要賺錢，也只為了自己利益的結果驅動型賣方，那就一定有發自內心且真心誠意的賣方。

有的品牌創辦人可能本身就是自家商品的使用者，他歌頌、讚嘆他們自家的產品跟服務，或者深深相信他們的品牌故事、品牌信念，他相信他的服務或產品是在解決某一個重要的問題，或是在做某件有意義的貢獻，像是這種由內而外散發的信仰，通常就是核心驅動的賣家，當一個人在做著有錢有愛有意義的工作時，正會散發著這種光芒。

舉個真實的案例和你分享。某次，我坐在台下聽鮮乳坊創辦人龔建嘉先生的演講，當時的我不認識鮮乳坊，聽了才知道它是由獸醫把關的小農直送的鮮乳品牌。其實，當天我只是在台下聽講的聽眾（我甚至不知道會有哪位演講者來做分享），但不知道為什麼，聽著聽著，我心裡就冒出：「我願意從今以後都喝他們家鮮奶！」的想法。為什麼在一個沒有影像示意、沒有試喝試用的情況下，台下的聽眾就一個接著一個的被打動呢？我認為關鍵就在於賣家／老闆的銷售動機。

龔先生本身就是乳牛獸醫，在他演說的過程中，我深深的感受到他對於動物的呵護以及對台灣小農、酪農的在乎，這個人是真心想要改變社會，並且有著滿腔的正義感，去做他認為是對的、重要的事情，光是有這般信念與勇氣，就值得用行動與金錢支持了。

美國有一句俗諺是這麼說的：

People don't buy what you sell, but why you sell.

我深深相信，當一個賣家是由核心驅動在販售商品時，任何人都可能會被打動！而這種推銷不只會讓你感到非常舒服，還會讓你打從心底的產生喜悅與感動，甚至還可能在你掏錢消費時，為自己的行為感到驕傲和踏實呢！

2. 販售商品給真正有需求的人

前面提到儘管是對的商品，可能也會不小心賣給錯的人，那我們究竟要如何去找到合適的客戶呢？如果我們只是被動等待而沒有主動出擊或創造需求，不就錯失了很多潛在客戶的機會嗎？

其實，主動出擊在行銷上永遠都是必須的，重點是主動出擊的「時機」要如何拿捏。

我以自身的經驗做個分享：學生時期的我喜歡在假日跟朋友到西門町或東區逛街，每每在捷運站出口都會遇到各類型的兜售人員，有人賣文具用品，有人賣小點心，每當我被攔下推銷時，心裡總會想：「我到底哪裡看起來是在找文具用品了？我只想趕快去咖啡廳跟朋友碰面！」

是的，大部分在公眾運輸出口人來人往的群眾們，可能在那個當下都沒有特別想要買東西的打算，人們通常都是有其它目的地要通勤，才會出現在那裡，因此，這個賣東西的時機點可能就會讓人費解，尤其如果有些人是在趕時間卻突然被攔下，可能會對這樣的推銷行為感到更加反感。

那什麼樣的時機點會是好時機呢？我認為就要從觀眾或消費者的行為去做分析。以一個最簡單的例子來說，某個人主動出現在文具用品店，代表他有很高的機率正在尋找某樣文具用品；某些人出現在麵包店，代表他要不就是當下有點嘴饞，不然就是正在為之後的糧食做準備，想當然爾，這些人比起出現在捷運站出口的人，還有更高的購買意願，因為他們的行動背後就說明著相關的動機。這時候，如果你去和文具用品店談談合作寄賣，或者是換個地點，站在麵包店附近賣點心，成交率可能都會高上好幾成，也不會讓人覺得這樣的推銷很突兀。

當然，我們現在所討論的不是如何賺更多、賺更快的行銷策略，而是如何減少反感的推銷方式，所以這是一個非常簡化的例子，但是，想要販售商品給真正有需求的客戶，我們需要關注的就是「自來客」。

自來客顧名思義就是自己上門的客人，這些客人本身就有購買意願或有相關需求，因此當你在推銷時，如果你話術漂亮且真心誠意，這些

人可能還會覺得你非常熱心，積極幫他解決心中的疑惑。

在網路世界中，自來客其實就如同上一章所提到的自有媒體（Own Media），最經典的自來客類型就是 SEO 來源，當你的網站或文章標題關鍵字越準確，你的潛在客戶變越容易從 Google 引擎中搜尋到你的品牌，而因為這個「搜尋」的動作，是由客戶主動操作，因此，他搜尋了什麼，也變相的代表著他正在找什麼、需要什麼、好奇什麼，這就跟主動走進麵包店的道理是一樣的，因此，在網路上做行銷，若能將 SEO 做好，就能相對減少觀眾對你行銷所造成的負面感受。

3. 針對客戶的現實狀況分析不同的解決方案

沒有一項產品或服務是絕對完美的，也沒有任何一種產品是可以滿足所有人的，我們每個人都有自己的主見、自己的看法，有些人不吃辣，有些人吃很辣，同一款拉麵送上他們面前，兩人因為本身口味的偏好，給出來的評價也會截然不同。有意思的是，儘管我們已經選出一組興趣、年齡、喜好、經濟狀況或價值觀都差不多的受眾，你依然會在這群受眾裡，找到各式各樣形形色色的個案，這時候，如果你都用同一種話術不斷強調產品的優勢，很可能會讓客戶卻步且更難做出決定。

以我們課程的例子來說明，我們每天都會收到許多來自不同觀眾寫來的 E-mail，這些觀眾可能都已有購買意願（或至少表明有興趣），但他們可能會想知道「這樣的課程在馬來西亞也適用嗎？這課程對於大學生或沒有基礎的人而言，會不會太過艱深？這堂課對本身有行銷和品牌基礎的人來說，會不會太淺？」這樣的問題千變萬化，千奇百種，而最能讓觀眾感到舒服的推銷方式，就是針對他的現實狀況做客製化的分析。

沒有一套產品是適合所有人的，也許以他的程度來說，這課程真的只是小菜一碟，也許以另一個人的程度來說，卻太過艱深無法消化，當你能夠利用這些客戶的個人狀況去分析解決方案，不只能夠讓客戶感到你更加貼心、更有誠意，也能避免顧客對你的產品有錯誤期待，因此購買後產生不滿。

其實，推銷一直都是一個中性詞，它就是一種行為，一種技術，一種工具。工具要怎麼使用，完全操之在你手，而你也是你自己的活招牌，你得是你的個人品牌的第一名紅牌業務，因為沒有人比你更了解你的產品、你的品牌故事和你的核心價值，只有你能做出一個最有說服力的銷售頁和行銷企劃，這件事你絕對要做，而在我們打造個人品牌的前期，可能也只有你能做，就算未來我們的團隊大到可以不再插手就能自動營運，我們依然要去扮演行銷培訓和績效檢視的角色。

如果你對行銷、推銷自己依然感到很彆扭也提不起勁，以下有三個心態上的調整，能讓你更發自內心的願意去做這件事：

一、銷售不是你對別人做了什麼，而是你「為」別人做了什麼

我發現，害怕行銷的人，似乎都會認為行銷是一件「去打擾別人或麻煩別人」的事情，但是，打擾的定義，應該是這個人不想要、或他表明他不需要，還一直去強迫他去接收銷售資訊。反過來，我相信你應該也遇過那種天生就很會推銷的人。以我身邊的朋友為例，我有一位朋友是菲律賓神通，某次我要去菲律賓旅行，隨口問他說：「去愛妮島有沒有什麼一定要去吃的餐廳呢？」結果她沒有直接丟給我一大串餐廳的資訊，反而是先問我什麼時候去、住在哪一區、有沒有喜歡的餐廳類型等等，等我回答完畢，她才告訴我應該要去哪裡、吃什麼、要怎麼吃、要怎麼撿便宜、要怎麼規劃交通。

其實這一連串的行為就是推銷，是推薦也是銷售，如果她今天是一個旅遊規劃師，而旅客（我）也是主動詢問旅遊資訊的，那你會覺得她在和你強迫推銷，還是細心的幫你規劃行程呢？所以，有時候心態真的就是在轉念之間，銷售不一定是一個打擾人、麻煩人的事情，事實

上，沒有人想要熱臉去貼冷屁股的推銷產品，因此，你不用覺得自己正在「對」別人做什麼，反而是要用你正在「為」別人做什麼的心態來經營品牌與每個客戶，這之間的差別很細微，但是非常非常的重要。

二、選擇讓你舒服的推銷方式

我在大學時期曾經在健身房打工，當時的工作經驗雖然短暫，卻讓我學到很多銷售的藝術，其中讓我收穫最大的地方，就是每一個銷售員都有自己的個人風格。

當時的我默默觀察健身房裡的教練，我發現有些教練活潑健談、有些嚴肅專業，有些則溫柔文靜，雖然這些人都在賣同一種產品（教練課程），也都受到同一套教育訓練（怎麼賣教練課程），但隨著經驗與時間累積，每位教練各自發展出獨一無二的教學風格，連帶著影響他們的銷售風格。後來，他們連學生的樣貌都有個大概的類型。例如，活潑健談的教練經常吸引到年紀比較輕的女性學員，溫柔體貼的教練吸引年紀較長的大叔型學員。現在的我回頭看當時的景象，發現其實這就是最典型的個人品牌行銷，而通常最做自己且使用自己最舒服的銷售方式的銷售員，都能拿到最好的銷售業績。

因此，推銷並不是要你用很油條或什麼很業務嘴的方式來向他人推銷，**如果你不喜歡那種方式，就不要用那種方式**。用不適合的方式來行銷就像是打腫臉充胖子，你不開心，客人也不舒服，不管是賣什麼商品都一樣的，大家都希望彼此能有個舒服的消費經驗。所以，不用在一開始就先入為主的定義推銷是一件討人厭的事，它是一種工具但不是一種風格，風格永遠都是可以調整的，而最終會留下來的，都是真正喜歡你的顧客，也都是那些能感受到你的真誠的顧客。

三、成交不是最重要的事

你可能會很好奇，我們要打造理想的工作不就是要能賺錢嗎？那為什麼成交不是最重要的事呢？其實，成交當然非常的重要，但是比成交更重要的，是**價值的交換**。意思是指，有時候，最棒的交易就是沒有成交。

行銷其實是一件做起來非常開心，也很有藝術感的事情，當下的交流與分享的過程，都能夠帶給我們精神上的加持，如果我們盲目的為賣而賣，或是卯足全力的拼命去強行交易，絕對不是最聰明的。相反的，我們要去聆聽、溝通，你要知道這樣產品或服務，是不是真正適合客戶此時此刻的情況。很多時候，你的客戶真的手頭就比較緊，他可能最近在搬家、他最近失戀整個生活都很亂，或者他就是還不覺

得自己目前有需要，這種時候，最優雅的做法，就是跟他說：「沒關係，我理解，未來希望有機會可以再一起合作。」這個時候，我們就做到了價值的交換，他清楚知道你的產品適不適合他，他也感受到你的真誠，雖然你們之間沒有利益上的交換，但是就情感上和行銷道德上，價值做了很棒的交換。

我們現在以戀愛為例，當我們在談戀愛的時候，我們其實就是在行銷自己，你可能會故意計畫節日、驚喜、好好打扮自己，你會想辦法溝通、逗對方開心，你會控制自己的脾氣、你會讓步、你會妥協，這些目的到底是什麼？其實就是為了成交呀！我們想盡一切的辦法，來讓彼此的關係更緊密，最後如果對方和你求婚，就等於提出了一個很大 Offer，也希望你「買單」這個決定，希望能夠成交，能夠結婚，這其實就是最簡單好懂的一種行銷學，把自己銷出去的學問。

但是反過來說，我們可能也有遇過交往了好幾年，最後卻發現不適合或因為種種原因而沒辦法繼續走下去的夥伴，這時候比起硬是成交，硬是裝沒事的走下去，是不是放手才是一個比較好的選擇？而難道沒有成交，就沒有意義了嗎？我認為絕對不是的，因為你會發現，彼此相處的這段日子，所有的成長、所有的回憶，都是很棒的學習，都有價值，就算最後沒有成交，或對方沒有買單，但你們之間還是有價值的交換，而這些依然是很寶貴的人生經歷。

那麼，我們究竟要如何判斷何時要努力成交？何時要學習鬆手？我個人認為除了有一些實際的判斷基準（例如這個客戶是不是你的理想受眾，以及放棄交易的機會成本是什麼）之外，很多時候，是要用心感覺的，行銷真的就跟戀愛和交友一樣，可以很好玩、很有趣，但前提是，你一定要開始對行銷敞開心胸，開始喜歡這件事情，你才能真正的讓這份工作有錢有愛又有意義。畢竟這個章節，我們就是在聊要如何不只賺到錢，還能一直有錢賺，而其中最關鍵的要素，就是要**願意且持續做行銷**。

我一直都相信任何人可以賣任何東西，你一定能找到欣賞你專業／才華的客戶來購買你的創作，或者你也能找到願意力挺你的親朋好友幫你捧場，但是賺到了錢，永遠都不等於可以一直有錢賺，而我們人類實在是沒有那種韌性，能夠不斷地勉強自己做一件你討厭的事，還一直做下去。因此，看完這個章節記得檢視一下，你是否對行銷有種先入為主的想法？你是否一聽到直銷，就對這個字或是從事這些事的人貼上了某種標籤？你會不會在分享自己的品牌給身邊的親朋好友時感到不好意思？為什麼會不好意思？把這些想法列下來，逐一撥開洋蔥皮，找到核心的原因，讓我們的獲利模式不只是曇花一現吧。

Chapter 06
做好個人成長，讓事業持續成長

當我們在經營和培養某項專業，難免會遇到倦怠和提不起勁的時候，我也時常提醒自己：Learn To Rest, Not To Quit. 學習排解自己的負面情緒，學會休息，也是很棒的自我投資。

$$#6\text{-}1$$

活得越好，
工作就能做得更好

我曾經在一間旅遊新創公司從事內容行銷的職務，當時的我們掛著「旅遊作家」的美名，經常要到處探聽新的旅遊情報、景點，到餐廳或旅館試吃、試玩並作相關的採訪，再將這些內容轉化成文字或影片作為公司網站的內容。有一陣子，我在工作上出現了很嚴重的瓶頸，明明是做著一模一樣的工作內容，卻一直無法發揮能力，內容產出上也一直遇到靈感乾枯或沒有頭緒的情況。那時的情況似乎慘到就算我不說，周邊的同事也感覺得出來的境界。再加上工作表現與成效數據也受到了影響，讓我想藏也藏不住。某天下午，我的主管把我叫到一旁，說要和我「聊一聊」，那時我一聽，就知道主管是要和我聊工作表現欠佳的事情，帶著皮皮挫的心情，我來到主管身邊，他看著我，緩緩的說：「你最近生活還好嗎？」

一開始我有點吃驚，原以為主管是會劈頭直接與我討論工作狀況，沒想到他突然問我過得好不好，讓我一時之間不曉得該怎麼回答，我支支吾吾地說：「我覺得工作上似乎碰到了一些瓶頸，做內容總是沒什麼靈感。」

主管語氣平穩地跟我說：「你這不是工作上碰到了瓶頸，是生活上碰到了一些狀況。作為一位內容創作者，生活要夠精彩，寫出來的內容才精彩。」主管的一席話讓我一髮牽動全身，回家之後，我仔細的想了想生活上出現的狀況，才發現自己當時的私生活真的是一團糟。

當時的我剛好和現在的先生在遠距離戀愛，兩個人已經很久沒有見面，也不知道下一次見面是什麼時候，每天的心情都受到很大的影響，而那時的我也和爸媽同住，開始想著自己搬到外頭租屋的事情，卻又不曉得經濟上與感情上要怎麼做下一步的規劃，我從來都沒想過這麼私人的事情，會開始影響到自己的工作表現。然而，身為一位作家或內容創作者，你是否是發自內心的分享著這些內容？似乎都像是一張攤開的白紙一樣一覽無遺。

在以往功利主義且工作至上的觀念裡，生活出現什麼狀況，似乎都只要用課業很忙、公司加班或老闆要求等原因，就能作為所向無敵的擋箭牌，家人也會一致認為：「怎麼這麼晚回家呀？喔！是工作很忙加

班呀？那沒關係！有忙就好。」或「最近怎麼一臉憔悴？原來是老闆要求應酬啊，那沒關係，因為是老闆嘛！所以就忍耐一下吧！」

我們似乎都忘了這麼努力工作辛苦賺錢，就是為了好好生活，與家人好好陪伴彼此，然而，生活中每天都有各式各樣的機會能讓我們好好陪伴家人甚至是好好和家人吃上一頓晚飯，我們卻總是用工作太忙等理由拒絕掉那些我們努力想要爭取的機會。我們真的需要這麼拼命，才能夠給家人過上更好的生活嗎？

我認為，社會充斥著一種非常過氣的思維，讓老一輩的人認為：「如果想要賺大錢，犧牲健康或睡眠可能也是在所難免的。」「在事業上很拼的人就是會比較沒有時間照顧家庭，身為家人的伴侶就是要多多諒解。」然而，我們為什麼不能睡得飽飽的同時也賺大錢？或是同時兼顧家庭生活與工作事業？這其實正是我們在第一章講到的「二選一思維」，我不認為我們一定要在工作或熱情上做取捨，相反的，真正厲害的人應該要兼顧兩者，真正成功的人應該要利用生活的美滿，去創造工作的效率與更高的成就感。

這其實正是一種現代的新思維，甚至也能說是某種思維潮流運動，正是因為想要獲得更好的工作成就，我們才更有責任把自己的生活過好，正是因為我們如此努力工作，我們才要更珍惜每一次與家人好好

吃飯的機會。

現在，我們問問自己：「你為什麼會想要來看這本書？為什麼會想打造一份有錢、有愛又有意義的工作？」想必答案不外乎就是為了要成就夢想與過好日子吧，但這些道理我們都懂，為什麼在現實生活中卻總是理所當然的被忽略、被犧牲呢？有沒有什麼方法能幫助我們記得初衷？我相信以下這三個信念是對你有幫助也值得被建立的：

一、生活的原則永遠在工作的原則之上

《與成功有約》的作者史蒂芬‧柯維曾分享過一個故事，他的上司因為工作需求，希望他能週日加班協助團隊，史蒂芬拒絕了上司，他和上司說：「週日是我的教會日與休息日，我答應上帝週日是不能工作的。」上司聽了覺得有點惱怒，生氣的問史蒂芬：「你就不能為工作通融一下嗎？你每個星期天的早上都有去教會，錯過這一次真的有影響嗎？」史蒂芬說：「也許不會有太大的影響，但是週日不工作是我對自己和對主的承諾。」上司無奈的說：「好吧算了，那週六總可以了吧？這週六你能不能破例加班一下呢？」史蒂芬回：「不行，週六是我和太太的約會日，我答應我太太週六是屬於她的日子，因此我週六也不能工作。」上司聽了又更氣，他憤怒的對史蒂芬說：「週日不

能加班，週六也不願通融，那你週五會不會來上班啊？」史蒂芬說：「會的，週五是我的上班日，週五我可以上班。」

這個故事乍聽之下有點無厘頭，但，就是因為史蒂芬・柯維對生活原則的堅持，才能夠確保「工作和生活是平衡的」而不是「工作不斷越界，壓縮生活的品質」。史蒂芬・柯維說：「100% 的堅持比 98% 的堅持來得更有效。」意思就是，有些時候我們會覺得：「也許破例一下、通融一下無傷大雅。」但背離原則就是背離原則，並沒有程度上的差別。

你可能在想：「美國文化跟亞洲文化不一樣啊！我們哪能這麼理直氣壯地跟主管討價還價？要是怎麼做早就被炒魷魚了吧！」沒錯，各國風俗民情的確會讓職場文化有所區別，但，你若希望能夠改善這種職場潛規則，你就得先當那個堅持自己原則的人。

倘若每一個人都嫌棄慣老闆，但持續允許慣老闆用自己不喜歡的方式對待自己，那我們便不能奢望這個情況會有所緩解，因為我們也成為支持這個環境的參與者。換個角度想，你如果沒辦法接受老闆總是在休假時候突然要求你執行某些公事，你是有權利可以不參與的。你可能覺得：「我怎麼能夠不參與？老闆假日就是會傳 Line 過來，而且會急著要我回覆啊！」那我們便能思考一下你回覆和不回覆會發生什麼

事。

如果你回應了，雖然能夠讓老闆感到滿意，但這同時也代表著你之後可能都得一直過著假日處理公事的生活，因為老闆心裡知道你是允許的、願意參與的，因此這件事就會變本加厲的發生；相反的，如果你不回覆，你也許會惹老闆生氣，更慘一點，也許你會被炒魷魚，但是往好的方面想，你之後就再也不必面對假日會一直要你處理公事的老闆，因此離開也不盡然是一件壞事，又或者，老闆久而久之就知道假日傳訊息你都不會回應，因此除非有非常要緊的事，不然他是不會再用這樣的方式打擾你的休假時間的。

你肯定有發現，有原則的人比沒有原則的人更容易受到尊敬，雖然有時候這樣的原則看似強硬或不解風情，可是，做人處事就是要有底線，而這些底線絕對不能因為工作而打破。例如說，你本身是一個不抽菸不喝酒的人，那當這個成為你的生活原則時，它就必須要乘載在工作之上，不能因為工作就破例應酬抽個菸，這樣我們便會成為一個凌駕於工作之下並且被工作擺布、為工作犧牲的人；同樣的，如果你在生活上的某個原則是：再忙，假日都要回家和老爸老媽吃頓飯，那回家吃飯這件事情就應該要先被規劃，其他事情再依照這個目標去做相關的配合。

你可能會覺得這些事情用講的比做的容易，但在我個人的經驗裡，其實也是跌跌了好幾次才慢慢學會建立不可動搖的生活原則。一直以來，我都是一個熱愛工作的工作狂，而我身邊親密的人也都得在我工作之餘「撿剩下」的時間來陪伴彼此。為了這件事，我先生和我抗議過很多遍，他曾和我說：「你看你花多少時間和精力在經營你的事業？你有沒有花至少同等的時間在經營我們的感情呢？」

沒錯，大部分的人都沒有花到等同的時間在經營感情，尤其是結了婚的夫妻，更容易以為婚姻妥當了、搞定了，就開始任由工作逐漸吞噬相處時光，你可能會覺得堅持這些生活原則有點太特立獨行了，你也許會害怕沒有一位老闆能夠接受這麼任性的員工，但是，因為這樣就屈就於慣老闆的霸凌下，似乎也不太合邏輯，甚至不是什麼有用的解決之道。

因此，我們都得努力成為一個更有能力、更專業、更無可取代的人，讓公司需要你、不能沒有你，你便有更多的籌碼去任性並堅持自己生活的原則，不讓自己和家人成為工作的犧牲品，從現在就開始設立底線、設立人生原則，讓自己的生活繞著這些原則運行，而不是對自己的原則毫無界線，卻抱怨著工作不斷的越界。

二、你的外在成就鮮少超過你的內在成就

我們以往在定義一個人是否成功，都會先採用外在標準來評判他的資產、頭銜、權利與外在形象，然而，這樣的定義在現代逐漸受到質疑。質疑其實是一件好事，畢竟身心靈的富足也是成功的衡量標準之一，如果只看一個人的外在成就而忽略了內在成就，就顯得太片面也不夠真實。

我們總是認為要先搞定外在成就，才有閒錢與時間來優化內在條件，我們想著「如果我談成這筆生意，晚上就能一夜好眠了」或是「只要我早點達到財富自由，我就能睡到自然醒，每天做我想做的事情」，不過回過頭來，我們是不是也可以把它想成：「只要我今晚能補充充足睡眠，隔天精神百倍，就能談成這筆生意」或是「只要我能用心挖掘自己到底想做什麼，找到那些讓我迫不及待想要起床做的事情，我似乎就可以去算出我真正需要的生活費，提早達到財富自由。」

一個人的外在成就，很少能夠真正超過他的內在成就，意指一個人能真正擁有良好的聲譽、成功的事業、和諧的家庭與完整的自尊，絕對都是因為他本身的身體與心理狀態富足且健全。健康出狀況，似乎也會連帶影響到家庭相處與事業版圖，心理出狀況，可能也會影響到自我的人格與外在的名聲；相反的，如果一個人缺乏內在成就，那儘管

他擁有成功的事業與奢華的生活，可能都只是短暫或虛無的。

就像前主管曾給我的叮嚀：「生活要精彩，工作產出才會夠精彩。」好好生活可以促進我們的健康指數、快樂指數，同時能夠增添我們生活中的靈感，讓我們有足夠的意志力去面對挑戰、用同儕與家人的支持來度過逆境。

我想這也是為什麼「自我成長」這個主題越來越流行的原因，因為人們慢慢了解到，想要工作狀態變好，生活得先變好，想要生活變好，自己得先變更好。

在個人成長的領域裡，我們可能會探討要如何面對低潮、如何戰勝拖延、如何提升自信遠離自卑、如何和其他人化解心結重新合作……，這些主題乍聽之下也許會覺得有點私人，但事實是，我們在工作上無時無刻都在面對類似的問題，人生中各方面的疑難雜症其實都有連貫性與相似之處。也許，你會發現行銷技巧可以用在約會交友上，也許，商業思維的管理模式可以用在教育小孩跟處理家庭問題上，我們正走向一個全方位的世代，以前，我們可以將工作與私生活做切割，但在未來，我們的工作與生活則會完美的融合在一起。你工作上的好點子皆是從生活中而來的，你在工作中學到的技術能夠在生活中派上用場，這就是為什麼，我們不能再將外在成就與內在成就分開衡量，

我們要認知到兩者的關聯性，我們要相信把生活過好也是對工作負責任的做法之一。

因此，不要再對自己說「因為我工作太忙，所以沒辦法運動」我們應該要改成「最近工作實在是太忙了，我應該更要每天勤奮運動來緩解這個情況。」想要打造一份有錢有愛有意義的工作，我們就從打造理想生活開始吧。

$$\boxed{\textbf{\#6-2}}$$

如何維持生活與
工作的動力？

過好生活是對工作負責的一種態度，這一點也許我們都明白了，但如果我們在生活上出現迷惘、低潮，做什麼事都沒有動力的話，該怎麼辦呢？這時候我們要去看看自己內在的驅動誘因是否缺少刺激或需要調整。

當我們想做某件事，從有念頭到開始行動其實是有一段差距的，這條導火線可能早已在你心中開始燃燒，但要是沒有一個引爆點，我們就很難有足夠的刺激去做生活上的改變。又或者是，我們可能已經感覺這條導火線正在燃燒，但過了好一陣子都沒有觸及到引爆點，而燃燒著導火線的火苗也越來越小，因此慢慢熄滅了，那我們的生活可能就會出現停滯期，或者就是提不起勁去好好過日子。這時候，回頭去檢視我們的導火線出了什麼問題，或再次溫習起火點是什麼，都有機會

重燃小火焰。

我們的日常行為背後都存在著一種動機，光是觀察他人如何使用時間、如何使用金錢，就可以用常識與邏輯推敲出這個人的價值觀與他在乎的事情。例如說，促使你來看這本書、促使你看到這裡，都是源自於某一種誘因，這個誘因背後都訴說著你私生活的某一部分已經有條導火線開始「著火了」，也許是你的工作、也許是親密感情、也許是個人財務問題、也許是親子和家庭關係，而從著火到爆炸需要有一個助燃器，這個助燃器我們可以拆分成兩大類，一類叫做「我搞定了」，一類叫做「我受不了了」。

根據個體心理學的理論，人類是一種未來趨向的生物，我們需要有目標、我們趨向於成長，當我們在人生的某個階段完成了某些目標時，這個取向就會讓你開始有「想改變、想做點什麼」的念頭。

例如說，當你得到長官的青睞獲得升遷，你可能會自發性的想要瞭解更多有關領導力、管理學的內容，這時候你可能會開始去逛書店、會在網路上查資料、甚至去報名一些講座課程來充實自己這方面的實力；又或者是平時都沒有在投資理財的你，突然看到自己經年累月的存款默默了來到第一桶金，你可能也會在這時候開始思考是否要學習股票、房地產相關的知識。

除了因為某一部分穩定了、搞定了，而想要追求成長所作出的改變之外，人們更常會展開行動的原因，其實是因為「再也受不了」某些事情。

例如我們很常聽到某些人已經想要離職去環遊世界想很久了，但是遲遲尚未做出行動，直到自己的健康拉警報或經歷親人的離散，才意識到時間與生命都是有限的而終於有勇氣和動力去完成夢想；或者，你可能已經追蹤某些個人品牌或 Youtuber 好一陣子了，你心裡其實一直都有想要自己來做影片、建立品牌的創作慾，但是從觀望到落實，缺的就是那個能引爆你動力的助燃器。

日常中究竟要如何找到這樣的推力來讓自己繼續前進或跨出關鍵那一步呢？答案就是適時的為自己「找刺激」，所有的起火點與引爆點皆來自於生活中出現了刺激，這樣的刺激可以是有危險性、威脅性的，也可以是具有挑戰、使人興奮期待的，怎麼樣的刺激才適合你？這要端看你身處的環境、你的性格、你的抗壓性和你思考事情的心態思維。

以我們在第二章節提到的「成長型人格」與「固定型人格」為例，因為心態的不同，處理壓力和刺激的方式也會不同。有些人的性格就是喜歡看見成長、喜歡擁抱改變，且對新鮮的事物都躍躍欲試；有些人

則擅於將悲傷或憤怒化為動力，因此激將法在這些人身上能產生很大的效果。

無論你選擇哪一種助燃的方式，我們接下來要考慮的另一個重點會是「續航力」。我們如果以生火為例，你的驅動誘因就如同起火點的火苗，而你的助燃器可以是油、可以是風，可以是火力更強的噴槍，但是成功「燒起來」之後，我們最需要留心的關鍵便是讓這簇火焰**持續**的燃燒，意指到底有沒有足夠的「木柴」，這些木柴在現實生活中就如同讓你保持動力的好養分，擁有足夠的燃料，才能夠讓我們持續成長，成就一份有錢有愛有意義的工作。

那什麼樣的情況下我們會失去動力呢？答案是火焰殆盡的時刻。火焰的殆盡可歸類為三大種可能，第一種是直接消滅，例如拿一桶水潑了或拿個蓋子蓋著阻隔空氣，第二種是沒有適時補充木柴而自然殆盡，第三種是風力過強而將燃燒中的火焰吹熄。

假設把這個比喻拿來放在你的生活上，風力過強就如同你（或他人）給自己的刺激過大，適量的刺激能夠讓你有想要改變且持續改變的動力，但過大的風、過度的刺激可能會打擊你的信心、你的信念，讓你無法承受；沒有足夠的燃料就好比生活中沒有確保足夠的資源，例如你報名了健身房的課程，卻因為聚會而無法空出時間，或因為加班而

沒有多餘體力，那儘管你很想要持續上健身房鍛鍊身體，都難以有足夠的資源去維持這件事情；最後一個直接消滅，我覺得它有點像是「不請自來」的意外或事故，例如你一直都有想要買房子的打算，也開始學習做投資理財來累積頭期款，但可能家裡發生一些急事需要動用大筆資金，這個存錢的計畫就得暫時先支援家裡的需求，因此短時間內無法持續進行，或者說心情上也大受影響，動力直接消失殆盡。

當然，我們很難阻止意外的發生，而當我們需要面對重大事故時，或許逼迫自己維持動力並不是當下最明智的選擇，也許我們真的需要休息，也許我們真的要放慢腳步重頭來過，但倘若你的生活動力不是因為意外而突然被澆熄的，那我們其實在日常生活中就能夠檢視你是否有給自己足夠的木柴和助燃器來讓自己往理想大步邁進。

講完燃料和助燃器的重要性，我們來聊聊適合作為燃料與助燃器的元素。事實上，這些東西在日常生活中就是能讓我們感受到被鼓舞、被激勵、有動力、有靈感的刺激元素，它們通常會是人、環境與資訊。我們要主動的與人互動，體驗周遭環境，並且真實的內化合適的資訊。

什麼樣的人能給你有益的刺激？我們要先鎖定領域再選定具有專業技術、具有實戰經驗和具有成長型思維的人，因此，看你是要加強自己的行銷技巧、身體健康、人際關係還是理財知識，無論想要持續提升

哪方面的能力，都可以套用這三個篩選條件來做評估：要有專業、有實戰經驗，要是成長型思維。

當你有了這些理想的模範人選後，主動的與這些人互動就是你的功課與職責所在了，無論是線上交流或線下交談，你可以從這個人的身上觀察他處事的態度、他持續精進的方法，最重要的是，他在該領域的成果是貨真價實而非虛無飄渺的，如果你能感受到自己嚮往著這些人的生活或專業領域的成績，那這些人身上必有你能學習的地方，也有能驅動你的刺激。

環境其實就是多人所組成的空間，幾個人可以給你一些獨立的影響，但一群人、一間公司、一座城市能給你更有力量的衝擊。找到合適的環境不只能讓你燃起火焰，還能讓你的火焰持續延燒，例如參加一個早晨晨跑的路跑團、特地到法國米其林料理學院增進廚藝等，當我們有意想要做些大幅度的職涯或人生改變時，最好的方式便是讓自己被相關聯的人、事、物所包圍，創造一個能不斷帶給你刺激的好環境。

最後，確保刺激能夠真的激發火花，關鍵在於自己是否真的有消化外界帶給你的燃料，有時候，我們可能會心不在焉的吸收外接傳遞的資訊，如果這些資訊沒有被你有效內化，那再多的資訊擺在你眼前，你依然會無動於衷，又或者，如果你是因為錯誤的理由而開始做一件

事，那你的驅動誘因便沒有辦法好好支援火苗持續燃燒。

我想分享一個自己的例子。我曾在數個月前冒出了一股甜點狂熱，當時的我因為搬到一個有大烤箱的住處，因此對於烘焙甜點突然產生了說不上來的熱情。我當時心想：「嗯，我絕對要開始追蹤相關的帳號，找到大師來拜師學藝並且持續增進我的烘焙技術。」於是，我開始在自己的 IG 和 FB、Youtube 帳號上追蹤了各式各樣的烘焙頻道，起先，這個做法非常的有效，因為我每天都能在滑手機時，不經意的得到一些靈感和技巧，但是，隨著一天、一星期、一個月過去，我發現自己對於出現在動態上的蛋糕、餅乾開始麻木，想要增進技術的熱情也逐漸淡去，儘管每天依然有許多烘焙的資訊出現在我眼前，我依然沒辦法將這些資訊內化成我能夠使用的燃料。

根據研究數據顯示，人類做出一些與平常不一樣的改變，可能會出自於追求成長或是逃避痛苦，以稍早講到的個體心理學為例，我們若能以追求成長為目標，不管是續航力、耐心或恆毅力，都比逃避痛苦來得更持久，然而，如果逃避痛苦是驅動緣由，無論這件事再怎麼有趣，我們恐怕很難找到說服自己堅持下去的理由。

幾個月後，我一直想釐清自己為什麼不再像剛搬來新家時那麼積極學烹飪，當初的起心動念究竟是什麼？而我認為，可能是因為內心深

處，我一直對於下廚這件事沒什麼自信，基於「終於有個像樣的地方能好好學做菜」這個理由，讓我一股腦兒的栽了進去，對我而言，它似乎正是一個彌補心態，也因為我想要逃避做菜做不好這個痛苦的事實，所以打造了一個有趣、好玩又有挑戰性的任務給自己。

有意思的是，如果你現在來問我，我是不是再也不烘焙、不下廚了？其實答案也不是，我只是不再像當初那麼積極，也不會每週都挑戰新的菜單，反而只是依照自己的口慾和需求，做出類似、簡單，但能滿足自己與家人的料理而已。

當我不斷地挖掘驅動誘因時，我也發覺自己確實對成為廚師或燒得一手好菜沒有太大的憧憬，這件事不在我的人生清單裡，因此也沒有那個能讓我奮不顧身的理由，儘管被家人嘲笑廚藝有待加強，我似乎也不是打從心底的認為很會煮飯是一件多重要或多有成就感的事情，在下廚的這一塊，我就不是出自於「追求成長」的初衷出發，只是為了補償心理的缺口而已。

反觀，因為我的人生一直有一個創業的願景，所以無論是人脈的建立、技能學習、環境打造或知識內化，我都花很多時間、試很多方法來讓自己堅持下去，而由於在創業這件事上，我是採追求成長、追求卓越為初衷，所以堅持似乎也變得沒那麼難了。

你現在可能在想：「生活在資訊與誘惑滿街跑的年代，我要怎麼知道哪些資訊是適合自己的資訊？哪些內容可能會阻礙我們的動力前進呢？」

英文有句俗諺是這麼說的："By improving your awareness, you will make better choices, by making better choices, you build a better life."，當你提升了自己的認知與生活日常的意識，你就會自然的用這些意識去選擇更好的選擇，當你的生活累積了更多好的選擇，你自然能獲得更好的生活。

我們的一生就是靠著這些意識去影響我們的行為，最後引導出截然不同的結果。正是因為人生有許多不在意料內的事，我們才更需要提升自己的意識，在可控的情況內做出對當下而言最好的選擇。

因此，從早上的第一口咖啡，到睡前閱讀的最後一個章節，我們都要更用心甚至是更小心的去做選擇，你的每一個選擇，要不是讓火焰燒得更旺，不然就是讓火焰越來越小。尤其在科技如此發達的現實中，我們其實不用花什麼心力，就能夠自動作出一些能夠讓日常運作的行為，例如早上腦子還沒清醒時，就下意識的開始滑手機，中午吃飯時盯著電視，手自動握著湯匙，將這碗飯一口一口送進嘴裡……。沒錯，當我們的日常沒有太大的刺激時，我們其實不太需要動腦就能夠進行一天的工作，像這種時候，我們的意識會選擇一種預設值來自動

導航我們的一天，而這個預設值其實就是我們的習慣。

如果擁有良好的習慣，那我們自然能堆疊出適合我們的好選擇，但如果是完全沒有察覺的壞習慣，我們就會在不知不覺中作出不適合自己的決定，而且一點都不自知。

因此，想要擁有好的判別能力，選擇適合自己的燃料，我們就得先從找回有意識的自己開始，而到底要如何喚起意識與強化自我覺察？我認為最有效的方式就是靜心冥想。

冥想為人體帶來的好處已有許多科學數據和心理學研究佐證，在各式各樣重啟意識的技巧中，冥想是我個人最喜歡也一直有持續執行的方法。

在還沒有接觸冥想時，我們可能會將它想像成是一種類似 Spa 的按摩療程，因此當我們冥想完沒有感受到「思緒被按摩」，我們就會懷疑自己到底做對還是做錯，其實，冥想比較像是散步，除非是特別不舒服或進行特別訓練項目，不然你一般不太會問自己：「我這樣散步對不對？」畢竟散步就是雙腳動起來開始行走，不太有人會去評判怎麼樣的散步才是標準的，標不標準似乎也不是執行的重點，重點是我們到底有沒有從這個過程中得到放鬆、紓壓或靜心的效果。

當然，如同散步一樣，你不會期待透過散步能馬上看到什麼身體變化，它就像是一種日常的運動習慣，越常做，就越能明顯感受到它帶來的好處。

我大約是在五年前開始接觸冥想的。當時的我對於冥想非常陌生，我是帶著想要健身和運動的心情而開始報名瑜伽課程，在瑜伽課結束前的最後十分鐘，瑜伽教練總是會用冥想來做最後的結尾，我們一群人靜靜的大字型躺在地上，透過教練的指引，帶領我們進到一種非常舒服、非常輕盈的狀態中。

說實在的，在練習冥想的前六個月，我並沒有特別感受到生活有什麼太大的變化，然而，當我開始在工作上遇到一些挫折或忙到焦頭爛額的時候，我開始會想說：「天啊，心情也太煩躁了吧？不然來冥想一下好了。」於是，冥想便變成我一種緩解工作壓力的方式，對有些人來說，他可能會去抽根菸或是去買一杯咖啡，但我發現，透過短暫 5 ～ 10 分鐘的冥想，能夠讓我進入思緒比較穩定且清晰的境界。

後來，冥想變成了我面對生活與工作壓力的新工具，透過早上起床開始冥想，我注意到自己更知道要如何挑選每天的目標（而不是像以前一樣用直覺來決定當天要做什麼），而且專注力大幅提升，我不再出現那種「不知道現在應該先做什麼」的情況，反而更能聚焦在專一的

事物上，並且不容易被其他人、事、物給分心。

當然，我本身並不是冥想教練，這本書也不聚焦在身心靈沈澱，但如果將主軸拉回自我意識的察覺，我認為冥想是幫助我最多的一套方法。在生活中，我能夠越來越清晰地感受到情緒的流動，我開始能夠抓到正在鬧脾氣、正在低潮的自己，每個人每一天每一刻都會有情緒起伏波動，然而，每一位現代人都非常忙碌，競爭激烈的職場環境也讓我們把自我覺察這件事的順序又排到越後面，但我認為，自我覺察就像是衣服上的污漬，如果等待越久就越難清理，當這個污漬變成頑強污垢，就像是我們的人生開始迷惘一樣，你有點難立馬抽絲剝繭出究竟是什麼原因與從什麼時候開始有這種失去動力的感覺，迷惘的感覺累積越久，就需要用更大更刺激的動力來讓我們重回正軌。

為了不讓這個負擔越來越重，重到難以重拾熱情，我們就是要時時刻刻的觀察自己並且與自己對話。在我的日常練習中，我會仔細注意什麼事情讓我感到開心、什麼事情讓我感到洩氣，什麼時候的我充滿幹勁？什麼時候的我能量偏低？這些感受是否可以追溯出成因？是不是吃了什麼？是不是睡眠深淺？是不是因為月經或身體狀況？是不是看到了什麼資訊或消息？是不是因為身邊的人的某些行為或反應？

我不認為我們一定要透過冥想才可以開始做自我察覺，如果你是一個

知覺敏銳的高敏感族群，那我相信只要情緒一有反應，你便可以馬上有感覺，你就能夠馬上深呼吸幾口氣，問問自己這些問題。不過，如果你跟我一樣是個比較遲鈍的人，那冥想就可以幫助你在察覺情緒上變得更加敏銳。

在自媒體創業的前期，我只知道衝衝衝與埋頭苦幹，雖然，佐編茶水間的 Podcast 在滿短的時間內就有不錯的訂閱數，但我也發現自己經常在忙完一整天的工作後，不太確定自己的心情如何。小時候，我們總是認為開心就是開心，不開心就是不開心，然而，真的開始工作後，你會發現有時正面與負面的情緒會彼此交疊，導致我會一直覺得：「我今天過的好嗎？好像還不錯，好像又不太好？我覺得自己完成很多事情，感到很開心，但是我又覺得自己很累，沒有那種激烈的成就感，怎麼會這樣呢？」

我們都知道事業上的成功只是人生的一小部分，雖然，我們總是很容易把「工作」的等份化成很大的餅，但如果我們都很幸運的在工作上有所成就，你就會發現更多的幸福與快樂感會來自於生活中的自覺與平衡，能在內心中找到一抹寧靜，就能用更清晰的視角看工作、看自己、看人生。

至於到底要如何開始冥想？我會建議初學者找老師學習（或者使用相

關的 App、Youtube 影片或 Spotify 音樂清單）而冥想的方式非常非常多，我們不必去爭辯哪個學派或方式才是正確的，只要能讓你感到心靈沈澱，就是好的冥想方式。

我們都很忙，都會覺得自己「哪有這種奢侈來坐著不動 20 分鐘」，但我曾經聽過一句話說：「如果你連冥想 5 分鐘都沒有時間，那你需要的是 30 分鐘。」在最一開始，我們不必執著於靜坐半小時這麼久，我們可以先從 2 分鐘、5 分鐘開始，如果假日有時間，也許試著做 20 分鐘的冥想，在我個人的經驗裡，我認為早晨或睡前進行最合適，不過只要你感覺自己需要冥想，任何時候都是好時候。

另外，剛開始練習冥想的人很容易會「想要馬上從中獲得啟發」，事實上，越是有強迫性的目的想要達成，就越難放鬆越難專注，因此，如果你能將冥想想像成以「讓眼睛休息」為由，有機會更快進入其狀況，我們每天透過眼睛接收到成千上萬種資訊，透過沈澱心情和關閉視覺刺激，能夠讓我們進入思緒流動的狀態，而能進入這個狀態就是主動思考和喚起意識的開始。

因此，放鬆心情，用心體會生命並時時刻刻關心自己，就能更容易確保自己心境平衡且有持續向上的動力，擁有動力並對生命感到好奇，我們才能繼續朝有錢、有愛、有意義的工作邁進。

#6-3

什麼時候該繼續？
什麼時候該放棄？

上一節我們講到在生活中利用自我覺察去維持日常動力，不過，就算我們很有衝勁也很努力，如果工作的成績遲遲沒有見效，再崇高的理想可能都會有所動搖，沒有收入進帳、沒有增加訂閱人數、不斷被廠商拒絕都很有可能是在建立個人品牌與打造副業時會遇到的難題，雖然在心儀的領域持續燃燒、持續精進，終將能夠感受到暖意，但假設我們開始寫部落格，很努力創作、不斷調整、加強行銷，且堅持了超過三個月，就是沒有看到成果，這時，我要如何確認究竟是因為用錯方法，應該要換個方式繼續堅持？還是說根本不適合做這個主題、不適合做這件事，是時候要放棄了？

當我們做某件事沒有得到預期中的結果時，我們便容易陷入自我懷疑的情緒裡，也正因為如此，我們更需要學會理性判斷，適時的為自己

的人生項目做健康檢查。至於有什麼輔助工具或方法能幫助你判斷和評估？以下有三個小技巧推薦給你：

一、找出衡量的基準

同上述所說，當我們我們想要放棄時，通常是因為沒有看見自己預期的結果。而這個「結果」到底是什麼？我們是否可以清楚的說出衡量的基準是什麼以及誰是評審？是我們的心情嗎？是粉絲人數嗎？是賺到口袋裡的錢嗎？其實仔細觀察便會發現，我們經常不知道自己在衡量什麼，導致我們一次想要的太多，或是很容易用別人的結果來衡量自己。

一次衡量的要點太多，就像是希望臉書粉絲數增加、IG 追蹤人數增加、部落格瀏覽量增加、YouTube 的訂閱數增加…等。如果我們一次要兼顧這麼多不同的 KPI，而每個 KPI 又沒有訂出一個明確的數字，那當然也缺乏一個有系統的方針來追蹤這些成效。

或是我們因為沒有訂定出一個明確的衡量基準，導致我們一直去看同類型的競爭者做得如何，心情因而受到影響。然而，你們的出發點不同，擁有的資源也不同，用他人的結果來衡量自己不會是最適合的方法。

這也是為什麼，在放棄之前，我們應該先釐清自己是用什麼在衡量結果？這個結果是否有一個明確的單位可以被拆解或追蹤？如果沒有的話，想放棄的念頭多半是來自於情緒和感覺。

以經營一個粉絲專頁來說，有的人認為第一個月能累積到 500 個按讚算是很不錯的成就，有的人則認為第一個月連 1000 個讚都不到，是一件無法接受的事情，因此，先去找出你的這個衡量基準是來自於哪裡？這樣的基準點是誰給的？是不是因為你看了某個競爭對手有類似的成就，就拿他的標準來評斷自己呢？但是，你們是在講類似主題嗎？你們的內容頻率與產出一致嗎？你所擁有的資源、專業背景和他一模一樣嗎？如果不是的話，拿其他人的結果來衡量自己，本身就是一套不公平的衡量機制。

那我們究竟要如何知道什麼樣的衡量標準才是公平公正又客觀的標準呢？我認為可以從兩個方向下手，一個是請教那些和你有類似背景（例如時間資源都是平常有正職工作又有在業餘接案、經濟資源如差不多是 30k 且與家人同住，不用繳房租、專業資源如都是從零開始自學），但是「進度」比你還稍微前面一點的人，另一個是研究產業的平均值（如同我們之前提到的女明星布萊絲演員試鏡故事）。

其實「問人」這個行為亦是一種雙面刃，我們真的可以從請教與詢問

得到非常寶貴的經驗與建議，但是如果問到不是那麼合適的對象，可能就會影響我們對後續事件的判斷，甚至影響信心，因此，怎樣可以選到合適的人？最保險的作法就是確保這個人對你的背景有一定程度的瞭解，或者是他能夠站在你的立場和觀點，給你真實客觀的意見。

若要研究產業的平均值，我們可以從 Google 上搜尋、找書、找資料，甚至去研究某些企業的歷史時間軸，都能夠獲得比較實際的例子，去知道怎樣的進度才是落在正常值內。

透過具有邏輯或科學數據的衡量基準，我們可以去調整自己的 KPI 指標，也許再試一下、再堅持一下，你就會發現自己確實用著正常的步調持續前進著，有時候我們就是太心急了，才會沒看到自己一點一滴的成果累積，把焦點放回自己而非他人身上，你或許就能發現自己真的已經夠好了。

二、重溫你的「Why」

如果說，我們已照著上述方法進行好一陣子，卻始終沒有達成那些設定的目標，我們心裡可能就會冒出這樣的念頭：「不對啊，我有用很明確且客觀的測量方法，也有訂定 KPI 給自己，當然也努力的照做

了，但成效就是比我預期中還差，該怎麼辦？」

出現這樣的念頭，我認為就是要重溫初衷的時候，如果你開始懷疑這是否是一件值得繼續投入的事情？你可以先問問自己：「我到底幹嘛來做這件事？」

我們在前期，搞不好就知道自己是在自找苦吃，早就知道這個嘗試一開始不會賺錢，還要額外抽時間來投資和學習，但就是因為想要給自己一個機會，想要過上更好的生活，所以才想來投資自己，為人生負責一次。

我們在上個章節講到，驅動力的因素有兩種，第一種是為了追求成長，第二種是為了逃避痛苦，我們也可以將這樣的模型分成核心驅動或是結果驅動。

思考一下：你是為了得到某個結果才來做這件事？還是你真心認為這件事值得被發展、被耕耘？你可能會發現，結果驅動的事情做起來特別容易動搖，也特別容易想放棄，更常會因為看到別人有更好的結果，而三不五時更換你的目標，放棄眼前在做的事，去追隨別人擁有的成就。

其實我一直相信，寫部落格、做個人品牌、建立副業或離職創業，某種程度上應該是滿享受也樂於付出和創作的，就是因為你相信這件事情值得做，你才會展開行動。

特斯拉汽車的創辦人伊隆‧馬斯克（Elon Musk）曾說過值得我們省思的兩句名言：

「就算勝算不大，如果一件事夠重要，我還是會去做它。」
「不投入才是最冒險的事情，因為成功的機率就直接為零。」

有時候我們將投資這件事看得太實際，只顧著帳面上的粉絲、數字、銷量，卻忽略了無形的體驗。你在投資的可能是你的夢想，你在投資的可能是你的創作慾，你在投資的也有可能是你個人的人生歷練、眼界與處世態度，當我們開始質疑自己的成果和進度時，一定要回頭看看你的初衷：你為什麼開始來做這一切？

記得，要用客觀的角度來評斷，假設你一開始的初衷，真的就只是想要多賺一點錢，那一直沒賺到錢，就代表一直沒達成目標，那或許，我們真的可以找到其它對你而言更容易或更快速賺到錢的方法；也或許，我們可以調整你在經營上的一些策略，讓你能夠更精準的朝你所訂定的目標來前進。不過，如果你一開始的初衷，是想要寫出不一樣

的人生故事，想要讓你的興趣變成事業，那我們或許就可以繼續堅持。

以終為始是我最喜歡的策略之一，當我們有一個明確的目標與想要達成的成果，我們後續在設計成長策略和內容計畫時就會變得很容易。根據結果的不同，我們所設計的計畫強度與密度也會有所不同，反之，如果我們從一開始就不知道自己要去哪，那我們的確永遠都到不了那個地方。但是，如果我們真的沒有辦法在開始之前就明確的知道目的該怎麼辦呢？那這時，我們來做這件事的用意就是一種嘗試，也許是累積經驗、累積體驗、累積故事，如果是這樣的話，你怎麼做都可以囉，你怎麼做都是在累積經驗與故事，因此，不用太去執著於自己到底達成了什麼，如果有明確的目標，很好，如果沒有明確目標，那就盡情發展吧！

三、兩端的風險評估

另一種常見的情況是，我們可能覺得自己有落實精準的 KPI 設定、也確定自己是熱愛創作才開始經營品牌，但是追蹤數跟口袋的進帳真的沒有起色，再怎麼有動力還是會覺得很失落。這時候你可以思考最後一個問題：如果繼續做，會失去什麼？如果選擇放棄，又會失去什

麼？

首先，我們要去評估繼續堅持的機會成本，而這裡的評估並不是空泛籠統的想像，而是要真的仔細寫下自己繼續堅持，可能會失去多少時間？多少機會？怎麼樣的機會？失去和重要的人多少的相處時光？會燒掉多少錢？拿一張紙，把這些會失去的東西列下來，再仔細思考一次：**如果我繼續堅持會失去的東西是這些，我還願意繼續做嗎？**

舉上述的例子來看，假設我們一開始就只是想要賺錢而開始經營自己的個人品牌，但是為了做這件事，你是不是犧牲了一些和朋友出門聚會的事情？你是不是開始花比較多錢去上課、去買書？那，如果這件事繼續進行下去，意指你可能要繼續花錢投資技術，短時間內也沒有太多時間社交，這是你願意付出的成本嗎？

再來，除了評估繼續堅持的成本之外，我們當然也要評估放棄的機會成本與潛在風險，這也是許多人會忽略的地方，你可以思考看看，假設我今天就此放棄，我會失去更多未來的潛在機會或更多的人脈嗎？我會失去某些人的信任嗎？我會失去夢想嗎？我會失去未來的方向嗎？

換個角度想，一開始只是以賺錢為目標來經營品牌，現在看不見結果

而馬上放棄，能夠幫助你更接近「賺錢」這個目標嗎？有時候你會發現，放棄並不會讓你更容易成功，反而還會前功盡棄，不過，在一些狀況底下也可以找到反面的例子，例如你可能因緣際會得到了公司給你一個很棒的 Offer ，當初你為了想賺多一點錢來做自媒體，現在如果繼續堅持做自媒體，就沒有時間接受公司的新 Offer，那這種時候也許就是放棄的好時候，因為目的是賺錢，為了達成這個目的，有各式各樣的做法（甚至是更有效、更省時省力的做法）來達成它，因此，放棄在這個例子中就比較合邏輯。

我們決定做某一件事的同時，其實也是失去了另一件事的機會，這就是機會與成本。當你決定裝病請假，你可能得到了在家休息的機會，但老闆對你的信任感可能就默默減了一分；你可能因為不想花錢而拒絕朋友的飯局，雖然朋友會覺得你有點不合群，但你卻也成功的挽救了自己的荷包。任何事情，都可以用這種加一分、減一分的思維去套用與評估你傾向承擔的成本為何。

當你決定繼續在這件事情上加分，可以換個方向想看看，那你會在哪些部分被扣了一點分？而它又會怎麼影響到你的人生？也許你會發現，繼續下去其實根本不會讓你失去什麼；又或者你會發現放棄才是更明智的選擇。

因此，在決定是否要放棄的交叉點，試著先問自己：我是用什麼來衡量自己的結果？堅持和放棄的風險分別是什麼？

我們在經營和培養某項專業，難免會遇到倦怠和提不起勁的時候，我也時常提醒自己：Learn To Rest, Not To Quit. 學習排解自己的負面情緒，學會休息，也是很棒的自我投資。也許就是因為再撐了一個月，就有意想不到的機會發生，又或者，你能夠在探索的過程中，找到除了堅持或放棄以外的第三選擇，誰知道呢？

Chapter 07

生活也必須有錢有愛有意義

我們努力地創造理想工作，最終的目的都是為了能打造出理想的生活，讓我們能有更健康的身體、更彈性的時間以及更穩定的資產，去建構出你嚮往的人生。

#7-1

忠於自我的同時
也要記得利他

多年以前，當 Youtuber 還沒有在台灣太飽和的時候，我開啟了自己的一個 Youtube 頻道，也架設了一個部落格網站開始撰寫我的旅行遊記。那時的我是個著迷旅遊的大學生，也因為開始在國外接觸到旅遊部落客這樣新穎的職業，便一心想要朝這個方向前進，嚮往自己能有朝一日成為一個在世界邊工作邊旅行的 Travel Blogger。

當時的我興沖沖的開始寫文章、做影片，不過三個月不到，我眼前就出現了最現實的兩個問題，一：我到底要寫什麼？二：為什麼這個頻道都沒人看？

那時的我因為主業還是學生，加上經費也不是特別充足，所以沒有辦法去非常多的地方或待很長的時間，面對內容的生產，我一直卡在數

量不足，因此 Po 出的影片或文章也是有一搭沒一搭，都是真的有時間或有出去玩或真的心血來潮時，才會擠出一些內容放到網路上。

至於內容的調性，因為以旅遊出發，所以我一直都是用紀錄的方式，寫下我去了什麼地方旅行、看了什麼景點、吃了什麼美食，並且用類似流水帳的方式，把出遊的細節記錄下來，並期望著頻道被更多人看見。然而，一個月、三個月、半年就這樣過去了，我的部落格像在網路空間上積灰塵，我也完全不曉得為什麼自己的部落格一直沒有被看見，流量沒起色，互動也幾乎是零，儘管自認為自己的影片還算做得不錯，但沒人看就是沒人看。

畢業之後，我算是半放棄半擱置的拋下成為旅遊部落客的這個想法，輾轉繼續做本科系的視覺設計師，並開始往網路設計的方向耕耘，後來，因為人脈的介紹，我進到了一間新創旅遊公司當他們的編輯，也開始更深入的接觸內容行銷。

在那間公司裡，我認識了一位非常優秀的主管，在她能幹的團隊帶領下，我每一天都像是腦洞大開，不斷吸收新的數位行銷知識。那段時間的我雖然沒有再去碰自己那塵封已久的部落格，但因為工作需求，我經常會出差到其它景點做採訪，在這個機緣下，我又再次燃起想要一邊工作、一邊旅行的夢想生活，也因為在主管的指導之下，我才發

現自己以前在經營部落格或 Youtube 時，到底犯了多少錯誤，少做了多少事、忽略了多少有利數據與優化方式。

在某個炎熱的夏夜，我剛結束了約三天兩夜的屏東後灣出差，拖著疲憊的身軀搭客運回家，內心卻有種躍躍欲試且非常亢奮的感覺，腦中不斷浮現兒時對於旅遊主持人這樣職業的憧憬，心裡也一直有一個聲音在告訴自己：「這不是你小時候的夢想嗎？你現在似乎有機會朝這個夢想邁進了！別讓這個機會溜走呀！」

到家之後，這些疲憊在轉瞬間消失，我拉開椅子坐到書桌前，開始非常認真的思考：「我以前的經營方式到底做錯了什麼？我要怎麼樣做調整？怎麼更有效地做出更實際的內容策略，而不是在依照自己的心情或自己的假期來經營自己的頻道呢？」那時，我也馬上意識到自己其實就是太「嫩」了，對於行銷、對品牌、對內容都很外行，只是看了一些國外的網紅，就以為靠著一些天份與運氣，也許就能擁有同樣的成果，殊不知在這些光鮮亮麗的職業背後，充滿著各種專業技術、長遠計劃與紮實且方向明確的執行方案。

當天晚上，我為自己過往的品牌做了深度分析並列了一系列的行動清單，也決定下一步要做的行動，就是去「學習」。這還是我頭一次在深感自己的不足後還興奮得睡不著覺，隔天早上起床的第一件事，就

是打開電腦查資料和做功課，並尋找值得關注、追蹤和學習的對象，就這樣一點一滴的從自學與練習開始。

我在那間旅遊公司待了約一年的時間，離開後，我又跑到另一間外商公司去做他們的 Content Creator，做了大約三年的時間，在這些日子的薰陶之下，我認為自己在內容行銷上學到最寶貴的技巧，就是「換位思考」。

可能是因為設計背景出生，所以我一直都有那種所謂的「設計師的堅持」或「藝術家的堅持」，在主觀意識非常強的前提下，我總是有我的想法、我的意見以及我認為合適的方式，然而，事實就是，每當我依照自己的美感或自認為觀眾會喜歡的內容去做文章，表現總是不怎麼出色，這其實也是我在旅遊公司與外商公司工作時，最令我受挫的挑戰，當然，保有自己的堅持與原則，在經營一個品牌上也是至關重要的一環，但是如何在堅持自我與切換觀看角度中取得平衡，也是一門有難度但精彩的學問。而經過了幾年的觀念和心態調整，我開始放下自己的主觀意識，用心去聆聽、觀察、並且真的站在觀眾的角度，去設身處地的思考他們會想要與需要看什麼樣的內容。

2018 年，我總算覺得自己「準備好」要再次用個人品牌來嘗試打造理想生活時，我馬上就對自己說：「絕對不要只想著自己想怎麼做，

熱情很重要，但『你』不是最重要的。」因為有了這個心理狀態，我便在開始建立品牌之前，做了好幾輪的市場調查，先是去分析平台的調性，再去訂定自己心目中理想受眾的樣貌，然後自己也一連設計了好幾組表單與問卷，邀請身邊的親朋好友以及網路上認識的網友們幫忙填寫。

現在回想起來覺得當時的自己真的很瘋，因為我真的是親自去密每一個在臉書上的朋友們，詢問他們對於個人品牌、遠距工作、自我成長感不感興趣？目前在這方面有沒有什麼問題？或者想要了解哪些關於這領域的資訊。但是，回頭來看，我覺得自己能在短短幾年利用個人品牌做出一點小成績，就是因為這個非常非常重要的「心態轉換」。

利他，這個心態轉換就是利他。

以前的我開始去經營旅遊部落格的初衷，就只是為了自己的利益，心裡想的全是自己的美好生活，什麼事情也只想要自己享受，但是，沒有人有義務要幫你圓你的夢，如果我們的所有利益都放在自己身上，那能獲得的回饋，規模大概也就只有那樣而已。

然而，如果個人品牌的成立初衷，真的就只是因為自己的興趣，難道不值得投入嗎？我認為也不是，畢竟我們是人類，我們生來就有創造

的慾望，只是如何從自己的視角切換成觀看者的視角，並且帶著「我真心希望這些內容不只我做得開心，更有幫助到你在＿＿＿＿方面的疑惑」的心態。

當你的內容真的有帶給他人歡笑或成長，那這些人自然會想要將這般喜悅或動容分享出去，如果你的內容受益的就只有你，那觀看者看著看著可能會開始覺得沒什麼意思，因此轉而把注意力放在更吸引他們，或者對他們更有幫助的事情上。

你可能在想：「我也希望能夠做一些對社會有意義或有貢獻的事，但我就是不太知道客戶到底想要什麼？以及我能提供什麼？這樣究竟要怎麼實際做到心態轉換呢？」以下有三個簡單的方法可以供你參考：

一、直接問客戶

如同我們在第四章提到的莉莉的例子。雖然我們要懂得換位思考，但我們終究不是客戶肚子裡的蛔蟲，有時候，自己想老半天都不如直接問客戶來得更有效率。

你在網路看到的那些問卷調查，或是去餐廳用完餐後收到的滿意度評分，其實都是企業「直接詢問、直接蒐集」的典型案例，然而，當我們自己在經營個人品牌時，卻很常一不小心就自己埋頭苦幹了起來，經常會忘了要和客戶溝通、互動，並適時的索取對產品設計、內容創作有幫助的資訊。

當你真的去詢問你的觀眾想要看什麼主題？希望你怎麼做？對什麼議題感興趣時，這些觀眾真的都會非常熱情的和你分享，就怕你不好意思不主動問而已！因此，有時候想要拉近與客戶之間的關係，並增加品牌的互動與黏著度，你（創作者）需要先主動地打開雙臂，建立起這段友誼與連結。

二、為客戶著想

說到建立友誼與連結，從利己轉為利他的好方法就是開始真心為客戶著想，把他們當成你真實世界中的朋友，為他們設身處地，想想如果是你，你會需要什麼樣的幫助？你會想看到什麼樣的內容？如果這個人是你的好友，你又會如何協助他呢？

在這裡和你分享一個我私人的故事。有一次，我們租了一台露營車去

露營，並且預約了一位洗車工人在還車時幫我們洗好車再歸還給車主，沒想到，回程的那天，我們在路上遇上一些事故，車子拋錨開不動，而因為露營地點偏僻，所以我們也無法在約定好的時間內還車，只能在深山裡多待一天。

當我們打電話告訴車主這件事時，車主雖然勉為其難的說他不會多收我們額外天數的租車費，但也表示他無能為力，沒辦法協助我們，當下我跟我先生兩人感到心灰意冷，無精打采的打電話通知洗車工人跟他申請取消預約，沒想到，這位洗車工人一點也不生氣，也沒有和我們收任何取消手續費，反而問我們人在哪裡、安不安全、需要什麼樣的協助？

聽到這位洗車工人如此關懷與問候，真的讓我們覺得非常感動，我們便開始和洗車工人描述我們遇到的狀況，也告知他說我們已經試過打給道路救援、保險公司和拖吊公司，但因為地點偏僻，天氣又太惡劣，因此當天沒有辦法派出任何的救援。

洗車工人聽完後，馬上開始幫我們想辦法，並且利用他自己的人脈，在他個人的臉書與相關的社團 Po 出我們遇難的消息，過了大約半小時不到，他的訊息就被其他的熱心網友看見，這些熱心網友便開著他們的吉普車，嘗試來幫助遇難的我們。

當我們成功離開露營地之後，我們便打電話和這位洗車工人鄭重道謝，要不是有他這麼熱心、這麼為我們著想，我們可能還得被困在拋錨的露營車裡好幾天都出不去，雖然最後因為時間對不上，沒有辦法雇用這位洗車工人，但我跟我先生依然付了部分的費用感謝他的幫助，我們也大力的把他推薦給身邊的親友，希望能幫助他得到更多的生意。

其實，洗車工人並沒有義務要幫助我們，這根本不算是他的工作職責之一，況且，因為我們不小心遇難，他還得吸收取消預約的成本，然後又再次花自己的時間，幫忙尋找解決方式，但我相信，所有的付出最終都會回流到你的身上，如果你能站在超越品牌、超越產品的角度，真心以人與人的身份在乎你跟客戶之間的關係，那我保證，你的品牌和你的人生絕對都會有更正向的發展。

三、觀察與分析

最後，如果說你真的難以聯繫到客戶，沒有辦法與他們直接溝通，最直接的方式就是去觀察現有的數據並用邏輯去做相關的分析。

在經營個人品牌的前期，我們可能同時會有好幾個方向或子主題想要

嘗試，而最快得到回饋的方式，就是去研究這則內容所帶來的效益。現在幾乎每一個社群軟體都能夠讓你做最簡單的受眾分析，除了可以知道你的觀眾大部分幾歲、住哪、性別是什麼之外，也能夠去觀察你的哪篇內容得到最多的按讚、最多的留言數、最多的分享。

這幾年大數據當道，最主要的原因就是數據真的會說話，你可以透過從數據得到的成效，去思考自己的這篇內容到底哪裡比較特別？你有特別設計圖片、排版嗎？你有特別著墨標題與內文嗎？這支影片的特效或格式跟其它的內容不一樣嗎？這些數據不只能讓你摸索出觀眾喜歡的題材，也可以漸漸的塑造出你喜歡、觀眾也喜歡的視覺形象與內容策略，因此，如果沒辦法跟觀眾說話，就用數據來說話吧！

數據雖有可能因為人為或演算法因素而產生誤差，但數據存在的用意不是讓你「看」而已，而是看到數據結果之後，我們能夠做出什麼計畫或解決方案，數據是幫助我們判斷和做策略擬定的一項工具，擁有數據不重要，重要的是能利用這些數據來做什麼。因此，你可以試著自行做一些簡單的分析去測試一下觀眾的反應，例如當你從數據中知道某一天的某一個時間點上線的人數特別多，你可以試著在這個時間點發布內容，嘗試幾次後去觀察內容的表現是否真的比較好，雖然這不是直接與客戶互動的形式，但是在客戶出現的時間點給予他需要的內容，也是一種利他的做法。

私底下的我是一個漫威迷（Marvel），我對於史丹‧李（Stan Lee）在漫威宇宙中所設計的人物角色和故事情節深深著迷，讓我印象很深刻的名言是出自於電影《蜘蛛人》的某個橋段：「能力越大，責任越大」（With great power comes great responsibility），而我也是長大成人後才開始體會到，當你有能力，你就有責任為你身邊的人、為這個世界盡一份力。

生而為人，我相信在每個人的心中，都渴望被需要且渴望成為一個有用、有價值的人，而如同在前幾章節所提到的，價值是一種互惠關係，如過受益人只有你，那價值是無法被建立的。

我以前是個做什麼都以自身為出發點的人，完全活在「利己」的世界，這種性格當然也不是沒好處，畢竟我對於自身的目標很鮮明，有什麼想做的，我也會立刻付諸行動去實現它，但是很快的，我發現自己的目標一一被達成，我的生活不斷地在成長，但是內心的富足感卻似乎到了某一個程度就停滯了。

回頭來看，我發覺自己其實沒有特別想要住豪宅、生活也不缺什麼物質名牌，我的生活品質已經到達我自己很滿意的狀態，但其實我心中一直想要追求更多自我實現，卻不太知道自己還有哪些地方感到不滿。多年之後，我也開始發現自己希望完成的不只有自己的夢想，還

有家人以及觀眾、客戶、學生的夢想，這樣的立志雖然很難完全達成，但我相信，儘管只是改變了一個人某一天的心情，或者是啟發了某一個人的靈感，都是利他的一種表現，都是創造價值的機會。

所以，假設你像以前的我一樣經營品牌了好一陣子，卻遲遲看不見成績，也許是時候不求回報的付出了，因為收穫總是在不經意的地方為你開花結果、綻放芬芳。而無論你是在做自媒體、在公司上班還是經營斜槓人生，我相信「忠於自我」和「利他」是可以並存，也應該要並存的元素，若想要成就一份有錢、有愛、有意義的工作與人生，我們就是得同時掌握這兩個元素，努力地向上耕耘。

$$\boxed{\text{\#7-2}}$$

打造理想生活的
3 個好習慣

前陣子，我閱讀了《習慣致富人生實踐版》這本書，這本書是《習慣致富》的第二版，作者用湯姆‧柯利（Tom Corley）利用故事與旅行鋪成，講述兩個相似的家庭，如何因為財務決策的不同，而建構出截然不同的人生。

它是一本非常好讀，非常有趣又淺顯易懂的理財實務書。當我看完這本書，我也深深體會到，儘管兩個人的工作、知識背景、家庭條件、薪資水平都相同，還是能夠因為在關鍵事件上的不同決定，而導致一個人的人生越來越理想，活得越來越快樂、健康，且有越來越多時間陪伴家人，而另一個人的生活卻只有表面的光鮮，實質上是健康與生活品質的犧牲，並伴隨著更多婚姻與人際關係的壓力。

雖然我不是理財專家，也沒有辦法分享太多財務自由或賺大錢的投資技巧，但是，回到本書的初衷，建立有錢、有愛、有意義的工作絕對不是為了被工作綁架而犧牲珍貴的時間，亦不希望你在好不容易建立被動收入與財富自由之後，生活依然感到空虛、沒挑戰也沒有意義。我們努力地創造理想工作，最終的目的都是為了能打造出理想的生活，讓我們能有更健康的身體、更彈性的時間以及更穩定的資產，去建構出你嚮往的人生。

如果我們能有更多的自覺，更有意識的去做每一個決定，那我們做出的決定，通常也會更清晰且更適合當下的情況，適當的決定做多了，便能引領出更適合我們的結果，如果我們在生活中每天面對的皆是「之前所做出的好決定」，那我們自然會比其他人擁有一個更無憂無慮且更理想的生活。

上一節，我們分享了忠於自我和利他的重要性，而在忠於自我的執行面，我們提過利用靜心冥想來提高個人意識的敏感度，除了擁有冥想的習慣之外，我也想分享三個我近幾年學到最寶貴也最實用的人生技巧，將這些技巧建立在你的生活日常中，並且把它們變成你的 Default（預設習慣），你的人生就更有機會朝理想的道路邁進，而不是越走越偏。

一、學會構建清晰的階段性目標與優先次序

目標設定一直都不是什麼新技術，但是，生活中充滿了各式各樣的選擇題，到底要去國外唸書，還是待在台灣繼續工作呢？到底要接受挖角，還是出來打造個人品牌？到底要唸研究所，還是要進入職場？到底要離開這段關係，還是為了現實因素撐下去？

正是因為人生會不斷拋新問題給你，學會建構清晰目標與優先次序才如此的重要，至於要怎麼做？其實就是在做一項決定之前，你需要先釐清你心中最渴望、最想達成的目的為何？你做這件事的初衷是什麼？你為什麼會想來做這件事？一定得現在來做嗎？不做會怎麼樣呢？然後你需要先評估機會成本與利益關係，做這件事的目標與期望不用很複雜，但是一定要學會先去建構至少一項清晰的目標，再來分配優先次序。

其實，我們可能多少都體會過沒有目標的人生，那個階段的我們可能剛出社會，心裡的想法是：「因為大家都在找工作，所以就找工作吧！」、「因為同行的學長姐畢業後好像都繼續深造，那不然我也去唸研究所吧！」然而，沒有作目標設定，很容易會讓你覺得生活迷惘且過得汲汲營營，日子迷茫久了，很容易會讓人鬱鬱寡歡，提不起勁。

因此，就算只有一個小目標，就算只是為了賺錢糊口也好，我們都得先在心中設定「做這件事的目的為何？」有了這個小目標，我們才會有一個核對與衡量的基準，例如：「我是為了賺錢才來做這件事的，那我有賺到錢嗎？」才不會既不開心，薪水也不怎樣，然後人脈與成長機會亦停滯不前。

以工作來說，我最常做的目標設定會有四個：

1　為了賺錢

2　做得開心有熱情

3　專業技能成長

4　可以累積人脈或作品

其實，工作本身要達成的不只是現實目標，更是自我實現類的目標，最理想的情況，當然是四種要素全拿，既能讓你賺到錢、累積人脈、學習新知，又可以讓你做得很開心，但是，我們也需要將這四個項目排順序，並且在你心中設定哪一個目標是最重要的，哪一個目標是最不重要的？

我在目標設定中最常看見的錯誤，就是沒有安排輕重緩急與優先次序，導致工作上遇到一些不如意、不順心，便會開始質疑自己做這份工作的意義與原因，當你的目標清楚的話，你自然會知道自己工作的

原因為何。

例如說，我們因為缺現金，而下班去兼職一份發傳單的工作，在發傳單時，你可能會感到有點無聊、有點空虛，甚至是懷疑人生，但是，就目標設定上來看，我們來做這件事本身就是為了解決現金短缺的問題，為了賺錢就是兼差發傳單的目的。因此，你做得不開心、覺得自己在浪費時間，是非常正常的事情，因為這份工作本身就沒有保證能讓你累積人脈，也沒有保證能帶給你樂趣，簡單來說，它就是完全不含在工作描述（Job Description）裡的項目，如果你能夠做得非常開心，那也是一種福氣。當然，你可以訓練自己轉念，例如利用發傳單的這半小時，腦中想想未來的規劃，一邊發傳單一邊觀察路人的使用者經驗，這樣便可以多重利用時間，就算是選擇了一份出售時間的工作，也不會感到毫無成長。

我非常鼓勵找新工作或開啟新事業時，仔細想一想最重要的目標為何，當你仔細去觀察一下成功人士的過往經歷，就會發現因為這樣的目標專注，能讓他們以更快速的方式達成目的。例如說，有一份薪水很低但是機會無限的工作 Offer 給你，這份工作可能很辛苦，可能不會讓你做得很開心，但是你可以在這段時間內好好累積自己的人脈並且磨練專業技術，那接下這份工作，你就要知道自己那幾年的生活可能得過得比較拮据，工作與生活的平衡可能也不理想，因此，當工作

到心力交瘁的時候，你可以回頭問問自己：「雖然每天加班，而且主管還很兇，但是我是不是每天都在成長？我的人脈是不是一天比一天更多？眼界是否一年比一年更廣？」如果有，那恭喜你，你在做的這件事對你而言依然是有價值的。

至於，為什麼我們特別提到要學會構建清晰**階段性**目標？那是因為我相信人類是流動的階段性動物，每兩到三年，我們可能就會變更一下自己的目標，甚至是自己的理想生活，為了某一個重要目標，而犧牲掉其它次目標的比重，不應該是一件太長期的事情，假設那份工作真的有讓你學到很多東西，但是工作型態真的是太操了，那你至少要訂定一個**停損點**，例如說：就這兩年，就是這兩年我要好好拼命的磨練_____方面的技能，不斷地向前輩學習。兩年到了，你便可以檢視一下自己當初訂定的目標是否達成（無論是成績檢定上、工作位階上等），如果達成了，也許我們就能稍作休息，或者尋找下一個更有挑戰的目標，如果兩年了都沒達成，那也是時候檢視自己是否有需要調整的部分。

另外，我們的目標並不是每一次都得是完成什麼事情，或者達成什麼目標才叫做目標，如果你決定：「我現階段就是不太清楚自己想要什麼，所以我決定這份工作只是來讓我騎驢找馬。」那我們就不要抱怨在工作上沒有成就，不要抱怨自己的朝九晚五沒有意義，因為，你鎖

定的目標本身就不在這件事上，它扮演的角色可能就是讓你糊口，以及讓你更有其它方向的靈感。

幾年前，台灣很盛行澳洲打工度假，那時我常常收到讀者來信問說：「我不太確定自己到底要不要去打工度假，我非常嚮往到國外打工度假，也認為這是一個一生一次的難得機會，但是又很擔心自己少了幾年的職場經驗，回台灣後會很難找到工作，或者自己的專業競爭力下降，甚至被後輩給追上。」

每當收到這些疑惑時，都會想起那個曾經很迷惘的自己。其實，當我們的目標設定是為了獲得一輩子就這麼一次的人生經驗，那這似乎就與「提升職場競爭力」沒有直接關聯，也就是，說白了，打工度假本身就會讓你少了在職場磨練一到兩年的經驗，除非非常幸運能找到有關聯的行業，不過，大部分時間，你可能還是會想要擁有時間的自由，而不是到了澳洲之後，大部分的時間都被限制在草莓園裡採草莓，反而沒有達成最一開始出發的目的。

因此，以去澳洲打工度假的例子來說，我們也可以為自己做出一年的目標設定，你這一年到底是要體驗這輩子僅有的人生經歷？還是想要在國外打工賺到自己的第一桶金？或者是希望能夠利用這段時間廣結外國人脈，拓展事業與語言能力？還是你想要三種目標都達成？如

果是的話，順序怎麼安排？哪個是最重要的？哪個是次要的？

針對不同的目標設定，你選擇的打工方式、工時、種類皆不同，最怕的就是目標沒有設定好，因此沒存到什麼錢，語言能力沒什麼進步，重點是還沒有好好玩、好好體驗人生，那可能就非常的可惜；相反的，如果你這一趟去打工度假，目的就是為了留下難忘回憶，那你可能不會選工時過長的工作，賺到的錢可能大部分也花去娛樂，回台灣之後可能要花比較多時間重回職場，但是那一生一次的寶貴經驗是用錢、用時間都無法換到的，如果最終你確實創造了一個非常珍貴的經歷，那這一趟的目的就算是值得了。

我們為什麼會對人生有失望的感覺？通常就是我們對自己的目標不清楚，或者有一些錯誤的期待。只要目標清楚，我們就會有對的期望，而不是期望一堆目標，卻沒有實際在生活中為每一個目標投入精力與時間。

我們的時間與體力都是有限的，依照主要目標、次要目標的設定，我們就可以清楚分配哪件事情最重要，最需要我們花精力來投資，當我們對生活中的各種目標有正確的定位、正確的期待，那我們對人生的失望感就會減少。

另外有個非常重要的小提醒：目標的制定最好是由你自己的觀點出發並由自己去做出最後的判斷，不建議因為「某某某希望我這麼做」或「家人認為我應該要⋯⋯」而做出決定。一項決定的利益關係人當然可能會有好幾個（意指這個決定做下去會影響到你的爸媽、你的伴侶或你的合作夥伴等），但是，參考利益關係人的意見是一回事，因為利益關係人的意見而做決定又是另一回事。

對於人生負責任的作法，就是把責任與決策權放回自己的身上，沒有人有權利逼你做任何事情，就算你的家人在買房子上給你施加非常大的壓力，但這充其量也只是情緒上的勒索，他不可能拿刀威脅你簽字，如果真是這樣，那就犯法了，但如果不是，我們心裡也要知道就現實層面而言，這樣的脅迫只存在於情緒層面，不存在於理性層面，畢竟我們不可能真的是某一個人的傀儡，每一項決定最後都需要通過「你」這一關。

因此，不要因為某位利益關係人的參與，而做出了不是發自內心的決定，因為這項決定最後如果不如預期，我們容易會將責任推卸給利益關係人（就是因為你，我才會_____！）不過，責任的推託不僅於事無補，更會傷害你以及利益關係人各自的感受，雙贏的反面正是雙害，最負責任的做法，還是將最終決定權攬回自己身上，由你自己判斷什麼是最適合這個當下的決定吧！

二、學會感恩並調節負面情緒，你就會快樂

其實，我們都知道人生有很多未知數也有很多的不可抗力，每個人的生長環境、經濟狀況、身體狀況都不一樣，在面對各式各樣的人生選擇題時，儘管做了很多努力與準備，事情不一定都會如你預期的完美，在這樣不完美的人生下，最現實的情況就是事與願違。

我們可能在書店買了很多書回家閱讀，報名了線上課程去學習相關技能，甚至也實際操演了一段時間，卻沒有得到想要的結果，還耗費了額外的金錢與精力。這是一個非常實際的案例，也是你我絕對都有過的經驗，在挑戰重重的生活當中，如何依然保有希望，朝理想的生活邁進？答案就是 Be greatful，只要學會感恩，你就會快樂。

我曾聽過一句話說：「只要你是在場所有人當中最心存感激的那一個，你通常也是在場所有人當中最快樂的那一個。」

這裡有一個私人小故事跟你分享，我跟我先生是在紐約認識的，當時我們才剛開始約會，在某個快要下班的週五夜，他約我到曼哈頓下城的一間酒吧用餐聊天，當時的我才剛搬到紐約沒多久，因為一些事情耽擱了下班時間，已經遲到了三十分鐘，然後又因為對地鐵不熟，搭錯了車站，在這樣輾轉來回的在地鐵迷路了好久，終於出了對的車

站，又在一個人生地不熟的狀況下不確定怎麼走到酒吧，因此，等我真的抵達了那間酒吧時，我已經遲到了整整一個半小時。

當我氣喘吁吁地衝到他面前向他道歉時，他一點兒都不生氣，反而笑咪咪的對我說：「不用道歉，我才要謝謝你！剛才這一個半小時內我坐在吧檯與酒保聊天，他已經請我喝了兩輪的酒，還跟我說他們最近剛好在缺駐唱樂團的樂手，也許我會因此有個機會下週五到這裡做表演！」他的反應讓我很震驚，因為我心裡已經做好他可能會和我鬧脾氣的準備，沒想到他是如此心存感激，反而還利用這段等待時間拓展自己的人脈與事業，甚至還反過來跟我道謝。

多年以後，我們再次聊起這個話題，我問他說：「你當時是真的沒有生氣，還是只因為我們才剛交往沒多久，所以你不好意思生氣？」他回我說：「我是覺得一個人遲到快兩個小時還滿誇張的啦，畢竟曼哈頓的地鐵不就那幾條線而已嗎？但是我又突然回想到自己剛搬到紐約時，也曾不小心搭錯站或走錯路，因此，我真的沒生氣，我就把等你的時間拿來做一些平時一直擱置的事情而已。」而在那之後，我也會時不時觀察我先生如何處理負面情緒，有的時候，我出門約會而不小心遲到時（也不是說我很常遲到啦，呵呵），他也總是心平氣和的跟我分享他在等待的時間裡做了些什麼。

有次，我好奇地問他：「在生活中遇到不如意、不順心的事，你為什麼都可以將負面情緒最小化，或甚至是樂在其中呢？」他回答我：「很簡單啊，其實就是抱持著感恩的心，因為你的時間又不是被其他人給『浪費了』，一天就是 24 小時，不會有改變，與其花時間與力氣去生一個人的悶氣，不如想一想『我是不是現在可以來回覆一下 Email ？一直說要整理手機裡的儲存空間卻一直沒有做，也許現在正是時候』，當你把焦點轉移到自己的身上，你就會發現其實你有一堆事可以做，可以為接下來的旅行查資料、訂餐廳，也可以準備一下明天的工作，到頭來，你就會開始感謝那個讓你等待的人，讓你有機會去利用這個難得的時間。」我開玩笑的說：「那我以後應該要多遲到，因為這也算是在幫助你，對吧？」他沒說話，笑笑的翻了個白眼。

如果懂得抱持著積極樂觀的態度與感恩的心，當你的朋友突然爽約，你可能就不會氣呼呼，反而覺得：「被放鴿子了沒關係，我終於有一段空檔的時間可以自己去逛逛街。」或是當主管打槍你精心設計的提案，你可能會想說：「這樣也好，這個專案最後要我做出來的話，還真的是要連續加班一個禮拜，工作這麼累，可能成效也不會很好。」又或者你在電腦前待命想要搶到便宜機票，沒有搶到的話，甚至可以想得極端一點：「搞不好這是上天的安排呢！搞不好我這一趟出國會發生什麼意外，沒搶到機票也許是一種幸運也不一定。」

其實，抱持著感恩的心就只是一念之間的心態轉換，說來很簡單，卻不是每個人都能在自己被負面情緒籠罩時，將自己從負面漩渦中拉出來。而說到轉化負面情緒，我自己有四個奇怪的小技巧，可以讓我在感受到一股怒氣時，瞬間冷靜下來：

1. 憋氣後呼吸 15 次

當我非常生氣到怒髮衝冠時，我覺得最簡單的方式就是憋氣，憋氣是無論你在戶外、在家裡、在辦公室或在任何地方都可以執行的動作，當我們的理智線斷掉時，我們就是被情感所淹沒，而忽略掉其它周遭正在發生的事情。

然而，氧氣是一種非常有趣的存在，它在的時候你一點感覺都沒有，它消失的時候你卻馬上就能感受到，你也馬上就得做出反應，將所有的注意力集中到缺氧的這件事情上。

因此，當我們開始憋氣，其實就是逼迫我們的腦子把注意力放回你的身體上。一個人在憋氣時，其實是要花很大的專注力去做憋氣這個動作的，當你把專注力放到不是眼前這件事情上時，你的理智有機會被拉回來，而我會憋氣憋到快要沒氣的時候（憋到極限），用嘴巴慢慢的把氣吐出來，吐完體內的空氣，我會來回慢慢的呼吸 15 次，鼻子

慢慢吸氣（至少四秒），鼻子慢慢吐氣（至少六秒）然後重複 15 次。

當你真的實際操作，你會發現你真的會非常神奇的瞬間冷靜了下來，事實上，我覺得這也很適用在與家人起爭執或與情人吵架的時候，如果兩個人可以在氣頭上對彼此說：「不要再吵了！我們現在開始憋氣！」對方可能會一開始覺得黑人問號，但兩個人一起實作後，你會發現這個做法真的很有效。

2. 躺下或彎腰

當我遇到不如意的事情時，我其實非常喜歡直接躺下，有時候一躺下就會想開始哭，那好像就可以順道哭一下抒發一下。當我躺下的時候，我會習慣先不閉上眼睛，四肢展開，全身放鬆，看著天花板或天空，咀嚼一下心裡難受的感覺，大約過了 30 秒，我會開始把眼睛閉上，持續維持一樣的姿勢躺著不動，或進入冥想的狀態。

這樣的姿勢我可能會維持至少五分鐘，讓我自己的心跳緩和下來，並且放鬆身體（尤其是臉部）的肌肉，同時用腹式呼吸法，維持長吸氣、長吐氣的循環，直到自己的思緒比較清晰，才會慢慢起身。

如果我是在戶外或辦公室，沒有辦法席地躺下的情況下，我會找一個

沒有人的地方，大部分時候就是在廁所裡面，然後直接彎腰，將額頭盡量靠近膝蓋，並且雙手交叉抱著自己的手臂，就這樣維持這個姿勢不動，或者是身體左右輕輕搖擺，維持大約至少兩分鐘。

突然做這個姿勢會有點奇怪，而你的身體也會發出：「呀？現在是怎麼一回事啊？」的聲音，但就是因為每件事情都在氣頭上，我們又再次忽略了身體的感受，所以如果你突如其來的做了一個非常奇怪的動作（不一定是要彎腰，任何動作皆可）你又再一次的將腦子爆炸的情緒轉移注意力，到對於肢體的好奇，我總是覺得這個做法非常的好笑，雖然很好笑，但也真的很有效。事實上，也有相關的研究表示，當你做倒立、彎腰等動作時，血液會流向大腦，提升血液循環並且增加腦供血，讓你的思路更加清晰，所以這個奇怪的動作也是有科學研究的（笑）。

3. 全力衝刺奔跑

其實我發現，長大成人之後，我們越來越少會全力衝刺奔跑，也許我們平常皆有慢跑的習慣，但是用盡全身力氣、用自己最快的速度跑到精疲力盡，似乎已經想不起來上一次是什麼時候的事情了？這好像只有在小時候與同學玩遊戲時，或者是比賽一百公尺短跑時，才會奮不顧身的全力衝刺。

當我們被一件事搞得怒氣沖天，這股怒氣就是需要被宣洩，有些人喜歡大叫，有些人喜歡搥枕頭，但如果下一次有機會，請你試試看死命的奔跑吧！當我們用盡全身的力氣奔跑，我們的注意力和焦點也幾乎都是在眼前的景色與跑步這項行為當中，當然，奔跑畢竟是一項激烈運動，得依照自己的身體狀況或醫生指示判別這項活動到底適不適合你。但是，依照我自己的經驗，每次全力奔跑完都會有種莫名的「爽感」，剛剛在氣的事情，似乎也更有理智去面對它。

小技巧是，如果正好在公司上班，但是又遇到一件氣氣氣的事，該怎麼辦呢？我其實自己也曾經發生過類似的情況，當時遇到一件讓我覺得非常不公平的事，我一氣之下，說要到巷口買杯咖啡，實際上卻是跑到馬路邊並假裝追公車，拼命的奔跑。如果我們突然之間在街上跑起來，路人可能會覺得你有點怪，所以我喜歡做的，就是假裝追公車、假裝趕捷運，或者假裝一邊講電話一邊快跑，我知道，這聽起來非常的古怪，但是全力快跑真的能讓你更加冷靜，別人怎麼看，都不比緩和自己的情緒更加重要。

4. 冷水澡

冷水澡是個我自己比較少使用的技巧，我相信要能夠忍受冷水澡，需要非常強大的勇氣，我不太愛沖冰水，但是我先生經常使用這個方式

讓自己冷靜下來。無論春夏秋冬，在事業或生活上遇到一下不愉快的事，他總是很樂於直接衝進浴室，二話不說地用冷水刺激身體來達到醍醐灌頂的作用，許多研究揭證實洗冷水澡對身體有諸多益處，假設你和我一樣還沒有勇氣沖冷水，可以先試試看在自己生氣的時候、情緒低落的時候或者滿身怨氣時，用冷水洗臉沖去你的負面情緒。

如果是在辦公空間，也可以簡單地利用洗手間的水槽洗把臉，臉上有妝的話，也可以試試看拿冰敷袋冰敷脖子、額頭、臉頰，或者，把幾顆冰塊塞進嘴裡，這些都是我在辦公室上班時會做的怪招，怪歸怪，真的能讓我心情平復下來。

心存感激其實真的是一種可以被訓練的技能，它也大概是我這輩子學過最無價的技能，它讓我學會面對更種逆境，只要知道要怎麼心存感激，就能夠很輕易的去調適自己的心情，放手這件事會變得容易、更淡定。只要能夠快速調適自己的情緒，你未來在創業、做內容或者成立大企業，都能夠更有效率的應應各種突發狀況，只要生活中的突發狀況 Handle 的好，就知道要怎麼針對問題去解決問題，無法解決的話也會知道要怎麼接受，無法接受也會知道要怎麼放下，若放不下，也能知道要怎麼在逆境中心存感激，那我相信，能做到這一點，就已經活在理想生活裡了。

三、開發並相信你的直覺

我有的時候會回想那些人生裡覺得有點小後悔，或者「要是可以重來」的事件，也發現大部分的原因都是自己在那個當下，沒有相信自己的直覺。

我一直都很相信動物是具有靈性的，人類也是動物，只是隨著人類文明社會的演化與科技的進展，我們的大腦通常都比我們的心靈還要發達，當我們身體上的某部分比其它部位還要發達，它就會採取支配的優勢位置，英文稱之為 Dominant，也就是主導者，因為腦部越來越發達，它也將會主導我們大部分的決策與大部分的行動，這個現象會發生在身體的各個部位，例如你的左腳如果比右腳還發達，你身體施力點所擺放的位置通常也是先放左腳，採取「優勢位置」。

假設兩個華人雙胞胎，一個在台灣長大，另一個在美國長大，儘管他們的天生的身體結構都是一樣的，但是這對雙胞胎在使用英語與中文時，就會各自有各自的優勢與劣勢，如果我們不去使用我們天生就擁有的技能（直覺、心靈感受）那它就會像是發出英文的捲舌音或是清楚的中文發音一樣困難。

當然，大腦發達不全然是一件壞事，它能幫助我們更有條理、更理性

的去執行任務，不過大腦本身的目標設定，是讓我們舒適的生存下去，然而，人類本來就不是一種理性動物，對於「舒適的生存」，也很常會淪為安逸、缺乏改變，且傾向於選擇較簡單、較不具威脅或挑戰的事物，這樣的生活確實會讓我們很舒適，但是就沒有辦法滿足人類追求成長與自我實現的滿足感。

有一句話是這麼說的：「船隻停在港口是最安全的，但那不是造船的目的；人們待在家裡也是最安全的，但那不是人生的意義。」

小的時候，我最喜歡的迪士尼卡通是風中奇緣，當時覺得寶嘉康蒂竟然這麼爽快的從高聳的岩石上一躍而下實在是酷斃了，另外一個非常吸引我的橋段，就是當寶嘉康蒂與老樹婆婆交談時，老樹婆婆要寶嘉康蒂傾聽自己內心的聲音，同時捲起週遭的落葉與花瓣隨風中起舞，要寶嘉康蒂用心感受並跟隨著大自然的腳步。長大後，我雖然理解了寶嘉康蒂從懸崖跳水是一個必死無疑的節目效果，但是，內心卻依然很希望風中起舞的橋段在我的真實人生中上演。

我經常會想，搞不好我們以前的祖先，都是用聆聽身體與內心的方式來尋求生命的指引，雖然它不是最文明或最科學的依據，但卻也是某種萬物與宇宙的連結方式。不曉得從什麼時候開始，當我們遇到一些人生難題時，我們變得傾向於先詢問他人，詢問長輩、詢問天地鬼

神，甚至是詢問網路紅人，而非詢問自己或傾聽自己的直覺。

大部分的人會覺得直覺並不科學，直覺也不能給出有建設性的意見，但是就如同肌肉使用的例子，身上的肌肉總是要開始使用了才會開始發達，沒什麼使用而突然去用，當然會覺得鈍鈍的、不太靈光。

因此，我們要怎麼在生活中訓練自己的直覺與傾聽內在的能力呢？最簡單的方式就是開始冥想、自由書寫、獨處及做白日夢。

生活中有許多令我們分心的事物，同時間，又存在著各式各樣的聽覺、視覺、嗅覺刺激，如果我們能夠短暫的關閉某一種刺激，就有機會喚起身體與內在的意識，其實，說喚起我覺得也不太對，因為我相信這些內在的聲音一直都存在，只是外在的干擾物太多，而讓我們聽不見自己的直覺，透過關掉或關小聲其它的分心物件，也許我們就能夠容易聆聽、接觸到直覺力，為你的人生做出更貼近內心的選擇。

我在自己的個人品牌課程 Brand Your Life 當中，教導如何去找到自己的市場定位與核心受眾，很多時候，學生會來問我：「我要怎麼樣才能知道我選擇的核心受眾是對的受眾呢？」這個問題很有趣，問得也非常到位，而我的回答總是：「看兩個指標：一個是實際數據，另一個是你的感受。」

277

我在人生中判別任何事情或做決定的時候，幾乎都是用這兩個指標來當輔助工具，我們的確要有一些科學依據，去判斷這商品的功效、成分是否適合你的症狀、你的年紀以及你的體質等等，而判別核心受眾，其實也是觀察品牌是否有成長？業績是否有增加？消費者回饋是否正向？另一個，就是去問你自己的感覺，你到底想不想要做這件事？你喜歡這個品牌嗎？你想要跟這個人合作嗎？你覺得你的觀眾是不是對的人？有沒有跟你氣味相投？你與粉絲對話的感覺是輕鬆的、自在的、覺得他們和你是同一群人？還是很強求、沒有火花的呢？

兩種判別標準都有它的道理與價值存在，如果我們傾向於全都用感性或全都用理性來做決定，可能會失去了某一部分的重要元素。你可能看到有個青少年為愛沖昏了頭，沒有用理性判斷而不小心與一位不適合的人交往；你可能也會看到有位成年人為了現實面的因素，而告別了自己真正有熱情的職業，生活就像是在玩蹺蹺板，感性理性皆需要平衡，那如果實在做不出決定怎麼辦？我的答案是：還是忠於內心吧。

有些時候，也許我們明明已經做了萬全準備，目標設定也很明確，但是就是沒有辦法做出決定，甚至想了好幾天都沒有答案，怎麼辦呢？這種時候其實就是要相信你自己的直覺，聆聽你內心的聲音。

在這裡一定要鄭重地提醒你，相信直覺是要在「用理性判斷之後」！不是說你的直覺告訴你從台北 101 大樓跳下去可以飛，你就一股腦兒的照著做。你永遠都要相信自己，但這件事是在科學判斷、理性判斷和諸多假設與驗證後，心裡還是覺得刺刺的、癢癢的，做不了決定，這種時候，我們才用直覺來做決定。

我始終相信，人生最後要走到哪，我們心裡都有個指南針，你內心有答案，往內心找一定有答案，所以當你很迷惘，詢問完他人的意見也不曉得該怎麼做時候，我建議你就不要再去問人，也不要再聽別人的意見了，閉上眼睛，問問你自己，你一定有答案的。

這個答案不需要符合邏輯，它可能也不一定符合家人或社會的想像與期待，但是，內心的答案絕對是最準確的答案，這裡所謂的「準確」絕對不是最安全、最普遍、最正常或什麼 CP 值最高的答案，但是，它確實就是你在尋找的答案。

有句話說：「小事，用腦思考；大事，用心決定。」

當我們遇到人生比較大的轉換事件時，請你一定要問問自己內心的聲音，確保你是在往「自己心目中的理想邁進」，如果不確定自己是否要繼續待在現在的公司，還是出來創業？閉上眼睛仔細想一想，你一

定有答案；如果不確定自己要休學嘗試新領域，或是繼續完成學業，閉上眼睛仔細想一想，你一定有答案；如果不確定對方是不是一個適合結婚成家的人？閉上眼睛，你仔細想一想，一定有答案的。

以上三個創造理想生活的小技巧，我不但覺得非常實用，也是無時無刻都在使用著，講品牌、講賺錢固然是非常重要的事，但理想的工作建立在理想的生活之上，先把理想的生活建立起來，有錢有愛有意義的工作才會有存在價值。

我們辛苦工作是為了好好生活，因此千萬別忘了好好生活。

$$#7\text{-}3$$

尊重你的夢想，
為你的選擇負責

以前住在紐約的時候，我跟我先生非常喜歡在閒暇時候去大都會博物館（The Metropolitan Museum of Art）參觀，大都會美術館非常非常的大，全部逛完可能要花上一天的時間，每一次去，我們除了觀賞館內的藝術品之外，也觀察形形色色的遊客與他們的行為。

有些人看展的方式像是在趕行程、走馬看花，目標不是深入了解藝術品，而是希望能在有限的時間內看到最多藝術品；有些人喜歡一邊看展一邊自拍，期望留下值得紀念的影像與網路上的朋友分享；有些人步調緩慢，看到喜歡的藝術品甚至可以動也不動地盯著看十分鐘；有些人喜歡買語音導覽，一邊看展，一邊了解背後的歷史淵源；有些人喜歡直接衝去看最值得一看的曠世巨作，並且願意花時間排隊欣賞（例如羅浮宮的蒙娜麗莎），有些人則喜歡與朋友分散，享受獨自一人

的博物館漫步，會後再與朋友約時間地點碰面。

每一次的參展，我們都可以看到不同的個性、不同的理念、不同價值觀的人，所選擇的享受方式皆有所不同，我也從這個事件中體會到，去美術館參觀就好比用自己喜歡的方式過生活，每一個人都可以選擇用自己最喜歡、最舒服且覺得最值得的方式，去過他們的一生。並不是說一個人忙著自拍，就沒有好好過生活，因為對他而言，或許人生的意義真的在於分享與傳播；也不是說一個人去大都會從頭到尾只盯著一件美術品，就沒有「把握機會、把握人生、物盡全用」，因為對他而言，也許他只想要專情於一件他認為重要的事，垂直深耕，對他而言，那樣的意義比全部看一遍但全部都不了解，還來得有價值更多。

人類經常犯的一個錯誤，就是用自己的價值觀去評判其他人的生活方式。所謂的成就，不是一定要快速攻頂才叫成功，有一份有錢有愛有意義的工作的確符合大多數人的理想期望，然而，成功與快樂的定義究竟為何？還是要由你自己來挖掘，而這個定義可能隨時都會改變。它就如同職業，你不需要死守著一份工作，且認定這就是往後的人生，有些時候，你甚至會「以為」自己想要怎麼樣的生活，卻在試了之後，或者是意外去接觸其它的 Lifestyle 之後，開啟了全新的視野。

這其實正是我親身的體驗，我高中的時候唸室內設計，大學換成服裝設計系，在業界工作的頭幾年，也都是在從事與平面和視覺設計有關的工作。那時的我非常享受獨立作業，我喜歡做網站，也喜歡這種「一手由自己打造」的創作感，我總是傾向於坐在角落，選擇一個最不會被打擾的位置，減少與他人的接觸，專注在自己的工作上，這樣的偏好也持續好幾年都沒有變，我甚至以為自己會一直朝類似幕後與個人設計、接案工作室等方向發展未來的職涯，沒想到，隨著年紀的增長，我發現自己越來越有「分享、展現」的慾望，我開始想要和人群接觸，我開始想要在舞台上發光，甚至是做更深入的溝通與交流類的工作。

這樣的感覺就好像是自己從一位內向者變成外向者，因為性格上的改變，也讓我開始在工作選擇上、居住環境和交友選擇上做出不同的決定。如果你去問小時候的我願不願意當一位拋頭露面的Youtuber或站在台上的演講者，我絕對是直搖頭且無法想像，究竟是什麼確切原因演變成今天的個性，其實也難以追溯，但是，你會變，你會想要追求新的人生定義，你可能也會在重新定義的轉換期之間摸索、迷惘，我相信這都只是必然的，但也都是階段性的。

許多研究表示，我們每一個人都有 50% 與生俱來的個性，另有 50% 是後天環境養成的，這就代表你可能骨子裡有一半的喜好是不會變

動，但另外一半則隨時都在演變。

你可能在想：「假設我不僅不曉得第一個 50% 那與生俱來的天賦是什麼，另外的 50% 又經常受人左右，不斷因為外界的聲音而有所動搖該怎麼辦呢？」我認為，生命自會找到合適的出路，你有屬於你的時程與安排，不用那麼心急，當你會來看這本書而且看到最後一個章節，我相信你已經開始有所覺察，而覺察就是改變的開始，接下來，你肯定會看更多書、追蹤更多創作者、研究更多方法來達成理想的生活，因此不用太擔心自己的進度，既然你這麼努力，理想生活肯定也在不遠處。

本書的最後一節，我想與你分享兩件我們都該把握的人生原則：

原則一：永遠要記得為你的人生保留選擇權
原則二：尊重你的夢想，為你的選擇挺身而出

我和先生在 2019 年的冬天到印度旅行，那趟的印度之旅可以說是打開了我的三觀，讓我用全新的角度看自己所擁有的一切。

在印度的某天，我們參加了觀賞野生鱷魚的活動，我和先生坐上了一艘簡陋的小快艇，由兩位嚮導和一位漁夫陪同，就這樣划著船開始在

河岸邊尋找鱷魚的蹤跡，不到十分鐘，我們就發現了一群在岸邊休憩的鱷魚群。這些鱷魚張大著嘴巴，恣意曬著日光浴，船越划越裡面，鱷魚的數量也隨之增加。

剎那之間我突然毛骨悚然，轉頭問了嚮導：「這條河裡大概有多少隻鱷魚呢？」

嚮導回：「大約兩千隻。」

我說：「如果有一隻鱷魚不小心頂了我們的船，讓我們翻船的話，我們大概就掰掰了耶。」

嚮導笑著說：「我們船上坐了五個人，加上船隻的重量，一隻成年的鱷魚也不太有這樣的力氣把我們的快艇用翻。」

我回：「哇，果然是嚮導，你聽起來非常有概念呢。」

嚮導回說：「每年夏天河床水位都會上漲至少三倍，水會淹浸我們漁夫住的村莊，每年夏天都會有鱷魚跑進村莊裡找食物，所以我們對於這些鱷魚的習性滿熟悉的。」

我跟我先生大吃一驚：「天啊！每年夏天？那怎麼辦？這不是超危險的嗎？」

漁夫加入了話題，分享他的親身經歷：「所以我們有自告奮勇的壯漢團會互相幫忙，每一次聽到有鱷魚進入村莊，大約都需要三到四位成年男人才能把鱷魚制伏，我們要先坐在鱷魚的身上，並且用繩子綁住鱷魚的大嘴巴，然後再將鱷魚抬到河邊丟進河裡。」

我先生震驚的追問：「你們會把鱷魚殺來吃嗎？」

漁夫回：「不會，印度教是吃素的居多，其實鱷魚就是做牠本能會做的事，我們不覺得是鱷魚闖進我們的村莊，我們覺得是人類住進了鱷魚的家鄉。」

上岸之後，因為回程順路，漁夫熱情地邀請我們去他的村莊參觀，這個村莊是在城市長大的我完全無法想像的環境，他們用樹枝、木材架構了一些簡單的房屋骨架，再用樹皮和一些原先是白色的土黃色的布塊披在骨架上做簡單的遮蔽，村莊裡沒有柏油路，路上都是黃土與泥濘，村裡的水源與鱷魚的河川共存，他們在河裡飲水、料理、清潔、盥洗，每一位村民都骨瘦如柴，食物與基本的生理資源都非常有限，在那一刻，我著實地體會了「貧窮」的定義。

接著，我們一行五人走進村莊裡，村民開始和我們招手，並且微笑著迎接我們的到來，他們一群一群地湧上來和我們握手，大部分都是帶著好奇且興奮的眼光想與我們交流。這些村民和漁夫、嚮導用著當地語言對話，並且熱情地想要招待我們一些他們僅存的食物，一位小男孩羞澀的將他手上的點心捧來給我，那是一個黃褐色的糕點，像是玉米或馬鈴薯的油炸物，裡面包了一些小餡料，他在嘴裡碎碎念一些我聽不懂的詞彙，我轉頭問嚮導：「他在說什麼呢？」嚮導回：「他說Chaat，那是印度點心的意思，他說他要給妳他媽媽做的 Chaat」。

這些景象印入我眼簾，讓我心中錯綜複雜的情緒渲染在一起，這一刻，我深深的體會到，無論你身處在多麼困苦、多麼貧窮、多麼嚴峻的處境，你依然是有選擇的。面對每年夏天飢腸轆轆的鱷魚，村民大可以選擇大量屠殺，但他們卻選擇與這群本地生物持續共存；再來，村裡的物資是如此的缺乏，村民大可不必與我們分享食物，甚至更恐怖的，他們可以選擇偷竊，偷走我們背包裡值錢的東西，村子裡的人可以選擇關緊大門（雖然只是一塊亞麻布），保護他們僅有的物資，他們甚至可以聯合漁夫和嚮導將我們囚禁，來威脅並換取更昂貴的物資，這些事情有沒有可能發生？絕對有可能，而這個村莊的人能不能選擇做出這些選擇？其實也可以，但他們做了其它截然不同的選擇。

我一直都相信人類有一個非常棒的超能力，那就是面對各種環境的適應力與讓自己開心的超能力，無論生存條件再差再糟，時間久了，人類一般來說都是會想辦法適應，然後說服與指導自己在這樣險峻的環境中，找到有幸福感的元素。

有錢與否帶給我們的差別，其實只是「選擇上的多寡」，例如一個錢很多的人，他可能因為資源豐富，因此可以有 10 種選擇讓他去挑選，而另一個資源較少的人，可能就只有 2 種選擇能考慮，但是，無論如何，我們都是有選擇的，請一定要記得這一點，當你今天能拿到這本書，能讀到這個章節，我相信你的生存條件肯定比印度小村莊裡

的漁民來得更舒適且擁有更多的資源。

快樂是一種選擇，原諒是一種選擇，活得有意義也是一種選擇，如果在一個人生十字路口，不知道要選什麼的時候，我建議你可以往這兩個方向去做決定：

1 善良的選擇
2 忠於自己的選擇

它們不一定是最容易的，但只要往這兩個方向去判別決策，通常結果都會是好的、正向的。在生命中，我們經常會有想要埋怨或覺得自己跌到谷底的時刻，但即便是在那一刻的當下，身而為人，最棒的就是我們還是可以做選擇，活下去是種選擇，結束生命是種選擇，置之不理是種選擇，重新面對挑戰也是種選擇，只要還能做選擇，人生就還有可能。

打造一份有錢、有愛、有意義的工作，乍聽之下虛無飄渺也遙不可及，但是，它正是從最簡單的「做出選擇」而萌芽的。

幾年前，我對於個人品牌、網路行銷也不熟悉，那個時候的 Podcast 在台灣一點也不流行，自媒體這個詞也還沒有被發明，我雖然毫無頭緒、感到無助，但心裡也知道其實我可以選擇給自己一個機會，一個

改變的機會、跨出第一步的機會、學習的機會、嘗試的機會，以及為自己的人生走出新的路的機會，做了這個選擇，我便為自己的夢想買下了一張入場門票。

人生是如此的短暫，受挫又是如此容易，花一輩子去做一件不喜歡或沒感覺的事，依然有可能失敗，也有可能做得不開心，既然如此，為何不選擇把時間花在真正有感覺的事情上呢？

也許你很清楚的知道能將選擇的權利握在手裡，但人類真的非常奇妙，儘管我們會做出自己熱愛、喜歡且有益的選擇，但我們選擇完以後，卻不一定會尊重這個決定，或持續為這個決定挺身而出。

幾年前搬來美國，我開始養成練瑜伽的習慣，但說是這麼說，一開始報名瑜伽課程，我也是經常翹課出去玩，或是因為工作和雜事而請假，一直都不是在一個每天穩定練習的持續狀態，更經常在課程要開始前冒出：「阿～好懶得出門喔，到瑜伽教室還要開車，還是今天就算了？」的念頭，練習的頻率有一搭沒一搭。

某一次，我因為太久沒有練瑜伽而感到有點心虛，因此半推半就的用理智強迫自己前往教室，進行一小時的瑜伽課程。當課程到了尾聲，我們躺在地上做大休息（Savasana），老師突然走到教室前面，緩緩

說道：「練習瑜伽最難的絕對不是長時間 Hold 住某一個姿勢，或是平衡你的呼吸節奏，而是從你家來到瑜伽教室然後坐到瑜伽墊上，這才是最困難的事情。為自己的人生現身是最難的事，如果你能出現在這間教室，你已經完成今日最困難的練習了。」

當下的我說是被當場開悟也完全不為過，是啊，持續為你的選擇挺身而出，應該要是一件理所當然的事情，為何為自己現身 Show up for yourself 卻是最困難的事情呢？

我覺得關鍵點便在於我們是否記得要支持和尊重自己的夢想，以及這件事對我們的重要程度為何，這件事對你而言如果夠重要，你便會產生自我意願，主動地為你的選擇現身，為你的選擇挺身而出。

自我意願可說是精神信仰的最高級，當你覺得「你願意、你必須」時，這些現實中的事件皆會跳脫時間與空間的範疇，在你的腦海中重新組織優先次序。

你一定聽過市面上有許多教生產力、時間管理的書籍，這些書教你怎麼用番茄工作法把該做的事情專心做完，以及要怎麼用重要、緊急的象限來區分做事的先後順序，這些都是非常棒且有科學佐證的方法與工具，但是，如果你想要讓自己「自願」且主動花時間來做某些事，

最重要的是處理你對這些事情的「認知」，而不是去做時間管理。

舉個例子，我們在學生時期可能有過談戀愛的經驗，你可能會在出門約會之前精心打扮兩小時，或者為了另一半的生日，特地花時間去呼朋引伴、籌備驚喜，親手做蛋糕……等，你會發現，在那個當下，你的課業、你堆積如山的論文也許都還在等著你完成，但你為什麼會選擇先來做一些無關緊要的事？其實就是因為這些無關緊要的事，在那個當下對你而言的重要程度，是比課業還要重要許多的。或許，你的課業才是那個比較緊急需要完成的事情，但是在你心中「重要」的事會跳脫時間範疇，讓你選擇性的花大量時間投入它，主動為它現身。

這就好比在偶像劇裡面很常出現的橋段：女主角要離開城市，男主角卻遲遲不敢告白，女主角在前往機場的路上，男主角一邊在拉麵店打工，一邊陷入自己的內心戲，女主角開始辦登機手續，男主角意識到自己一定要把女主角追回來，於是直接放下手中無心料理的拉麵，往街上跑呀跑的，終於跑到了機場、攔住了女主角，成功的告白並要求女主角不要離開，然後兩人相擁而泣。

一般而言，我們是不會這麼唐突的離開工作崗位，再怎麼說，我們應該也不太敢直接當著主管的面離開公司，這雖然有戲劇效果的成份在，但這就是一個跳脫現實與時間的例子，只要在你心中這件事夠緊

急或夠重要，你就會為它挺身而出。

但是，要怎麼樣把那件好像不是那麼要緊的事變得更重要呢？例如說，健康應該是一個非常重要的人生議題，所有的幸福快樂、財富自由，也都應該建立在健康之上，但儘管如此，儘管我們都知道健康很重要，為什麼它在我們心中的排序卻不是第一順位，反而是第一個被犧牲的元素呢？

這個答案很真實，但也出乎意料地簡單，就是忘了。

現代人很忙碌，現代人很健忘，這就像是我們稍早提到的「氧氣」的例子，只有失去的時候我們才發現它的存在。我們當然不是故意要忘記這件事，但一件事過於舒服、過於自在，大腦就會把它歸類於「理所當然」的分類中，理所當然分類裡的事情絕對不是不重要，只是沒那麼重要，除非我們能把它切換到其它的分類裡，不然它就只會是我們心血來潮，有錢有閒才會想做的事，也不會是一件我們想要主動現身的事。

在生活中，我們經常會因為怕忘記會議而設定行事曆，怕自己睡過頭而設定鬧鐘提醒，但，我們卻很少為自己的人生健康、人生夢想設定提醒，要做到持續為你的選擇挺身而出其實就是需要不斷地提醒自

己，提醒自己那是自己所做出的選擇，提醒自己要定時的灌溉自己的夢想。

那究竟要如何用有效的方式來提醒自己為理想生活灌溉呢？以下有兩個我自己會使用的小方法，非常簡單但也非常實用：

1. 刻意放慢腳步，感受生活

在忙碌的生活中，我們會無意識的加快腳步和加快語速，當一輛列車開得太快，窗外的風景自然是一片模糊，除非你能像飛機一樣將自己放在更高的角度俯瞰，不然當我們的位置是低的，速度又是快的，那自然很容易錯過生命與宇宙給我們的提醒。

我記得當我還在台北上班的時候，經常因為忙碌的生活、加班、通勤，導致回到家經常有一種「天啊，我的一天到底去哪了，我今天到底有沒有好好過日子啊？」的感覺，經過分析，我發現自己很容易會不自覺的加快腳步，越忙碌或心頭上越多事的時候，講話的速度還會越來越快，因此，我開始承諾自己，從一天一次開始，我要非常刻意地放慢腳步和放慢講話的速度。

那個時候，我發現最有效且容易操作的方式就是在下午的時候，和主管說要外出買杯咖啡提神，然後從公司走得非常非常慢，慢慢走到咖啡店，慢慢的點杯咖啡，慢慢的品嚐兩分鐘，然後再慢慢的走回公司。

辦公室的工作做到大約下午三點，我總是會非常準時而規律的開始分心，這個時間點，我想大部分的人應該也無心工作了，何不如就趁這時候走到茶水間休息一下，或者到戶外曬曬太陽，不要滑手機，不要看螢幕，儘管只有短短的五到十分鐘，我們都能用刻意練習的方式去感受生活。這個時間點，你可以想想今天的自己是否都有把時間花在刀口上？工作很忙，但忙得有效率嗎？努力工作是為了什麼願景？這個願景有在持續前進嗎？

除了這樣刻意放慢腳步的練習以外，早晨冥想也是一個非常非常棒的「提醒」裝置。剛接觸冥想的人可能會遇到思緒焦慮、雜亂、無法專注等常見問題，其實，思緒雜亂不見然是件壞事，但如果這個情況讓你非常困擾，我建議你可以試試看有目的的冥想或感恩冥想。

感恩冥想非常的簡單，你可以坐著或躺著，一一細數在你生命中值得感激的大小事物，感恩的方向可以以一天為單位，用俯瞰過去的方式，感謝你昨天沒有發生任何意外，身邊心愛的人都安全無事，感謝

你沒有感冒發燒，感謝你可以行走、可以移動；又或者，你可以用預演未來的方式，去感謝那些你期望能發生的事，感謝宇宙將給你平安幸福的一天，感謝你今天能夠感到通體舒暢、毫無病痛，感謝眼前來臨嶄新的一天是如此的安全、沒有意外事故。

無論是俯瞰過去或預演未來，只要在你身上有用，都可以拿來試一試，我自己則是會看當天心情交叉使用。勤勞一點的提醒自己的存在，聆聽自己的呼吸和心跳，思考活著的意義，思考自己為什麼正在過著現在的生活，思考要如何靠近理想的生活，就能夠讓我們更有意識的為自己的人生選擇挺身而出，負起責任。

2. 製作夢想清單

夢想清單是將你想要做的、想要達成的事情逐一寫下，並放在你看得到的位置，刻意提醒自己除了工作以外的人生目標。夢想清單和遺願清單（Bucket List）有點類似，不過我們在規定「死前必完成事項」的遺願清單時，傾向於規劃比較極端、刺激的那些不枉此生的遺願，至於夢想清單比較沒那麼激進，它是個比較日常且具有正向和成長取向的清單。

什麼時候要製作夢想清單？其實我認為隨時隨地都可以開始製作夢想清單，清單裡的內容也是想寫的時候就新增填寫，夢想清單會不斷累積，並每一週或每一個月從夢想清單中選擇一到兩件事來完成，並從清單上劃掉。

在夢想清單上，我會避免寫下「習慣類」的項目，並專注於一次性和具有嘗試性的內容。關於習慣類的項目，比較適合放在計畫擬定和日常規劃的清單中，而夢想清單的存在目的，只是要去提醒你「好好生活，別忘了你活著的目的，別忘了你的初衷，別忘了照顧自己」。

因此，我在夢想清單上會紀錄的內容可能像是：

- 重讀《習慣致富》一書
- 挑戰做藍莓馬芬
- 找機會報名並嘗試空中瑜伽
- 畫一幅自畫像
- 發明一套新的桌遊玩法
- 嘗試《哈利波特》電影馬拉松
- 寫一首關於友情的詩
- 採集花瓣做花藝冰塊

在我夢想清單上的內容其實非常的隨性、隨機，不過我會盡量選擇可以在一天或一個週末完成的事情，並在平常接觸到相關靈感的時候，就添加上去。如果你覺得有幫助的話，也可以將你的夢想清單做分類，例如說自我成長類、健康類、娛樂類、感情類……等等，除了自己的夢想清單之外，你也可以跟你的好閨密或另一半一起合作出共用的夢想清單，當你們想不到要做什麼或有閒暇時候，就可以從夢想清單裡的項目挑有感覺的來完成。

夢想清單的存在是為了提醒自己的理想生活，既然要做到提醒作用，你就得規定自己定期去完成清單上的內容。以前還是學生時期的我，可能會每一週都有時間來完成夢想清單上的事，現在的我工作和生活比較忙碌，我則是大約每一個月會找一件清單上的事來進行。

具體進行的方式可能會是每個月的月初，我會固定瀏覽一下清單上的內容，如果感覺到這個月想挑戰烘培藍莓馬芬，那我就會選擇這件事並且上網查食譜，然後在下次去超市的時候把食材買齊，並且在這個月的某一天進行烘培挑戰，烘培出來的結果到底好不好吃倒無所謂，重點是花時間和自己相處，做一點不一樣的事情、做一點你喜歡的事情，這個過程能讓我們再次的放慢生活節奏，品味日常大小事，其實真的滿好玩的。

對於夢想清單的概念，我相信每個人可能或多或少都聽過，但是說來彆扭，其實我從小學就開始累積自己的夢想清單，雖然求學時期為了考試升學而曾停擺過一段時間，但是大學末期，我又再度翻出小時候那張令人尷尬的夢想清單，並一一劃掉那些已經完成的項目。

在我小學製作的夢想清單上，曾經有一個項目是：

● 吃到酷聖石（Cold Stone）的冰淇淋

當我多年之後看見自己曾經做的清單，覺得自己既好笑又有點可愛，也許對於小學生的我來說，吃到酷聖石冰淇淋是一件遙不可及也無法想像的事情，那時候酷聖石剛來台灣，價位也頗貴，我幻想自己有一天能夠品嘗到那冰淇淋的滋味，卻也在成長過程中，不知不覺的完成了這個小夢想。

我們會長大，也會變老，那些你曾經覺得很困難的夢想，也許就在你好好過日子的時候不經意的達成了；那些你曾經覺得一點也不重要的要素，或許在多年之後變得難能可貴，正是因為如此，我們才需要不斷地提醒自己為人生挺身而出，並且非常有意識的去決定自己的日常行為，它或許困難，或許麻煩，但是，記住那位瑜伽老師對我說的話：「如果能做到為你的人生、你的選擇、你的夢想現身，你就完成

了最困難的事。」

我時常會收到學生來信詢問關於「自律」的問題，其實，我一直不曉得要怎麼明確的將「變得更自律」具體化，我認為它並不是靠詳盡的規劃或明確的目標就能達成的，但是，我逐漸地體會到，自律一樣是認知問題，如果你夠尊重你的夢想，如果你覺得自己的選擇夠重要，你不用再去想辦法讓自己更自律，因為對你而言，不遵守對自己的承諾反而是一件更困難的事情。只要你夠自愛，你就能自律，你會沒辦法接受食言而肥的自己，你也不敢想像夢想離你遠去所需要承擔的後果。如果有夢想，請緊緊抓住它，不要那麼輕易的就鬆開你的手。

這一本書，我花了許多章節講心態與思維，並不是因為技術和實際操練不重要，而是技術永遠皆可習得，思維卻很難鍛鍊。而真的要打造出一份有錢有愛又有意義的工作，最難的不是技術本身，而是開始去做，以及過程中的心態和思維，這才是成功與否的重要關鍵。

我的一位學生曾到美國紐約學純藝術，在閒聊的時候他和我分享：「其實我在台灣的藝術學校上課時，成績都算名列前茅，原本對於自己到美國深造很有信心，但是來了卻發現，跟這些當地人相比，我只是個工匠，我完全不是個藝術家。」

我問他說：「你覺得教學方式或文化最大的差異在哪裡？」

他回：「這裡的藝術注重啟蒙教育，他們相信思維是一切的根本，教育思維能改變一個人看事情的心態、信仰、價值觀，擁有了這些紮實的根，後面學其它的技術就更容易了，因為他們都是有需要才會來學剪輯影片、素描這項技術，有目的的學習讓他們用更快的方式習得技術。以前的教育讓我的技術精湛，但來到這還是覺得沒有了思想、沒有創新，自己只不過是個技術人員。」

工匠絕對是一個值得尊敬的職業，但是說到創造有熱情的事業、創造有意義的工作、創造熱愛的理想生活，這些都是屬於開創類的學問，「會執行」絕對是一種優勢與潛能，但，這是你的人生，我依然希望你能創造出屬於你的傳奇、你的故事，也盼望闔上這本書的你，能走出自己的路，為人生展開新的章節，為生命譜出新的詩篇。

Brand Your Life and Write Your Story.

Zoey

工作必須有錢有愛有意義

作　　者—佐依 Zoey
封面設計—張巖
內頁設計—TODAY STUDIO
內頁排版—極翔企業有限公司
主　　編—楊淑媚
校　　對—佐依 Zoey、楊淑媚
行銷企劃—謝儀方
第五編輯部總監—梁芳春
董　事　長—趙政岷
出　版　者—時報文化出版企業股份有限公司
　　　　　　108019台北市和平西路三段二四〇號七樓
　　　　　　發行專線—(〇二)二三〇六—六八四二
　　　　　　讀者服務專線—〇八〇〇—二三一—七〇五
　　　　　　　　　　　　(〇二)二三〇四—七一〇三
　　　　　　讀者服務傳真—(〇二)二三〇四—六八五八
　　　　　　郵撥—一九三四四七二四時報文化出版公司
　　　　　　信箱—一〇八九九臺北華江橋郵局第九九信箱
時報悅讀網—https://www.readingtimes.com.tw
電子郵件信箱—yoho@readingtimes.com.tw
法律顧問—理律法律事務所　陳長文律師、李念祖律師
印　　刷—勁達印刷有限公司
初版一刷—二〇二一年一月八日
初版三刷—二〇二三年三月二十三日
定　　價—新台幣三五〇元

工作必須有錢有愛有意義/佐依Zoey作 . -- 初版 . --
台北市：時報文化出版企業股份有限公司, 2021.01
面；　公分

　　ISBN 978-957-13-8524-2 (平裝)

1.職場成功法

494.35　　　　　　　　　　　　　109021324